土木工程科技创新与发展研究前沿丛书

土木工程专业大学生科创
指导探索与实践

陈记豪　汪志昊　朱　倩　王志国　著

U0291312

中国建筑工业出版社

图书在版编目（CIP）数据

土木工程专业大学生科创指导探索与实践 / 陈记豪
等著. -- 北京：中国建筑工业出版社，2024. 12.
（土木工程科技创新与发展研究前沿丛书）. -- ISBN 978-
7-112-30725-8

I . TU-4

中国国家版本馆 CIP 数据核字第 2024X7U599 号

本书内容由 7 部分组成，包括土木类大学生创新能力培养、专创融合教学、
大学生综合性创新试验、大学生创新创业训练项目、"挑战杯"竞赛、中国国际大
学生创新大赛、大学生结构设计竞赛等。

本书除理论讲述外，还融合众多实际参赛获奖项目案例，可供高校师生及相
关人士使用。

责任编辑：胡欣蕊　仕　帅
责任校对：芦欣甜

土木工程科技创新与发展研究前沿丛书
土木工程专业大学生科创
指导探索与实践

陈记豪　汪志昊　朱　倩　王志国　著

*

中国建筑工业出版社出版、发行（北京海淀三里河路 9 号）
各地新华书店、建筑书店经销
北京鸿文瀚海文化传媒有限公司制版
建工社（河北）印刷有限公司印刷

*

开本：787 毫米×960 毫米　1/16　印张：14　字数：281 千字
2024 年 11 月第一版　　2024 年 11 月第一次印刷
定价：58.00 元
ISBN 978-7-112-30725-8
（43896）

▪ 前　　言 ▪

当今社会，科技创新和人才竞争已经成为国家发展的重要驱动力。随着社会的不断发展，对于人才的需求也在不断增长。大学生作为未来社会的中坚力量，具备创新能力和创新意识是必不可少的。大学生在学习过程中，不仅要掌握专业知识，还要培养自己的创新思维和创新能力。这样不仅可以提高其学术水平，还有助于提高其社会适应能力和竞争力。通过培养大学生的创新能力，可以为国家和社会输送更多具有创新精神的高素质人才，推动科技创新和社会进步。大学生创新能力培养是高等教育的重要组成部分。创新能力是学术能力和综合素质的重要组成部分。通过培养大学生的创新能力，可以促进其全面发展，提高其综合素质。大学生作为未来的中坚力量，其创新能力的强弱和创新意识的有无将直接影响到国家创新能力的强弱。创新型国家是指将科技创新作为国家发展的核心驱动力，通过提高自主创新能力推动经济社会持续发展的国家。因此，加强大学生创新能力培养，是国家建设创新型社会的必然要求，对大学生学术能力培养具有重要的意义。在高等教育中，应该注重培养学生的创新意识和创新能力，为其未来的发展奠定坚实的基础。同时，国家和社会也应该为大学生提供更好的创新环境和机会，推动科技创新和社会进步。

本书由华北水利水电大学的陈记豪、汪志昊、王志国以及郑州航空工业管理学院的朱倩共同完成。作者团队长期致力于大学生创新能力培养工作。通过专创融合，将创新创业能力培养融入专业课教学中，实现专业能力、创新创业能力的综合培养。改革试验教学，增加综合性研究性试验项目数量，通过试验培养学生创新能力。通过"挑战杯"课外学生作品竞赛，培养学生创新能力；通过"挑战杯"大学生创新创业大赛、中国国际大学生创新大赛培养学生创业能力；通过创新创业训练计划项目培养学生创新能力、科研能力，提升学生的学术素养。这些科创竞赛拓宽了大学生创新能力培养途径，显著提高了大学生创新创业能力和学术能力。本书部分案例是笔者指导"土木工程试验"（河南省首批专创融合示范课）课程班级学生实施的创新性试验或竞赛。专创融合提高了土木工程专业大学生参加竞赛的广度和深度，也取得了丰硕的成果：学生先后获得了"挑战杯"创新创业大赛国赛铜牌、"挑战杯"课外学术作品大赛国赛银奖、"互联网＋"国赛铜牌、连续三年（2021—2023）全国大学生结构设计竞赛二等奖等标志性成果。

本书是河南省高等教育教学改革研究与实践项目（项目编号：2024SJGLX0333），2023年度河南省本科高校研究性教学改革研究与实践项目"数智驱动的土木类专业核心课程研究性教学模式构建与实践"的研究成果。书中专创融合教学内容是 2022 年省级专创融合特色示范课程"土木工程试验"的研究成果。此外，本书所涵盖的科创项目及大学生竞赛项目，得到了河南省重点研发与推广专项（科技攻关）项目（项目编号：242102321152、242102321153、242102241010）以及河南省高等学校重点科研项目（项目编号：24A560024）的资助。

落其实者知其树，饮其流者怀其源。"华北水利水电大学杰出校友奖学（教）金"为大学生科创竞赛提供资金支持。感谢杰出校友陆挺宇先生支持母校教育事业繁荣发展的深情厚谊和善举大爱，感谢努力拼搏参加竞赛斩获奖项而形成本书案例的同学们，也感谢在出版过程中作出贡献的老师和同学们，特别鸣谢陈霄博、何杨、段佳玉、邓宇虓、吴少杰、檀子龙、高岩、马松、范晨阳、常晨雨、张涛和乔梦慧等同学参与部分文字、图片的编辑！不当之处，还请批评指正。

▪ 目　　录 ▪

第 **1** 章

土木类大学生创新能力培养

随着社会的不断发展，对大学生的创新能力的要求也越来越高。土木类大学生作为未来的工程师，更需要具备创新能力，以适应不断变化的工程需求。

1.1 创新能力的定义和重要性

创新能力是指个人或组织在面对问题、挑战或机遇时，能够灵活运用所学知识、技能和方法，快速、准确地提出新颖、实用、有价值和可行的解决方案的能力。对于土木类大学生来说，创新能力的重要性不言而喻。随着科技的快速发展和工程环境的不断变化，传统的工程方法往往无法满足现代工程的需要，因此需要大学生具备创新能力，以便在未来的工作中能够应对各种复杂的问题。

1. 创新能力主要包括以下几个方面：

（1）创新意识：指一个人或组织有强烈的意愿和动力去创新，愿意尝试新的事物或方法。

（2）创新思维：指一个人或组织能够从不同的角度和思路去思考问题，发掘新的解决方案。

（3）创新实践：指一个人或组织能够将创新的想法转化为实际行动，并不断改进和优化。

2. 创新能力的重要性体现在以下几个方面：

（1）提高工作效率：创新能力可以帮助人们更快地解决问题，提高工作效率。

（2）创造新的产品或服务：创新能力可以帮助人们创造新的产品或服务，满足市场需求。

（3）提升竞争力：创新能力可以帮助人们在市场竞争中保持优势，获得更多的市场份额。

（4）推动社会进步：创新能力可以帮助人们解决当今社会面临的各种挑战，推动社会进步。

总之，创新能力是现代社会中非常重要的一个能力，它可以帮助人们更好地应对挑战和问题，提高工作效率和创造力，提升竞争力并推动社会进步。

1.2 提高大学生创新能力的意义

随着科技的飞速发展和社会的深度变革，培养大学生的创新能力已经成为高等教育的重要任务之一。大学生创新能力的提高不仅有助于提升个人综合素质，还对国家和社会的发展具有积极的影响。

1. 提升个人综合素质

创新能力是大学生必备的素质之一，它包括创新思维、创新人格、创新实践等多个方面。通过培养创新能力，大学生可以提升自己的思维活跃度，激发新的想法和见解，从而更好地应对生活和工作中的挑战。同时，创新能力还可以帮助大学生形成积极向上的人格特质，如好奇心、冒险精神、团队协作等，这些特质将有助于他们在未来的职业生涯中取得更好的成就。

2. 促进科技创新和经济发展

大学生是科技创新的重要力量。通过培养创新能力，可以激发他们的创新思维和创造力，提高科技成果的转化率。同时，具备创新能力的大学生更容易适应快速变化的社会环境，提高自身竞争力，从而为国家的经济发展作出贡献。

3. 推动社会进步

创新是推动社会进步的重要动力。大学生作为社会的精英群体，具备创新能力和创新精神，可以为社会的进步和发展提供源源不断的创新动力。通过培养创新能力，可以引导大学生关注社会问题，提出新的解决方案，推动社会进步和发展。

4. 提升高等教育质量

高等教育的任务不仅是传授知识，更重要的是培养学生的能力和素质。通过培养大学生的创新能力，可以提高高等教育的质量，使高等教育更加符合社会发展的需要，同时也有助于提高高校的声誉和竞争力。

总之，大学生创新能力培养具有重要的意义。它不仅可以提升大学生的个人综合素质，促进科技创新和经济发展，推动社会进步，还可以提高高等教育的质量。因此，高校应该重视大学生创新能力的培养，采取有效的措施和方法，为大学生提供良好的创新环境和平台，激发他们的创新潜力和创造力，为国家和社会的发展作出更大的贡献。

1.3 培养大学生创新能力的途径和方法

大学生创新能力的培养需要从多个方面综合实施。通过课程设计、实践活动、学术科研、校企合作、学生组织、学科竞赛和文化活动等多种途径和方法，全面提高学生的创新意识和创新能力。

1. 课堂教学改革

课堂教学是培养大学生创新能力的重要途径之一。然而，传统的课堂教学方式往往过于注重知识的传授，而忽略了学生创新能力的培养。因此，需要对课堂教学进行改革，采用案例教学、项目式教学等方式，让学生在面对实际问题和挑战时，能够灵活运用所学知识，提高自身创新能力。开设与创新能力相关的课程，如创新思维、创业实践等，通过理论学习和实践操作，培养学生的创新意识和创新能力。

2. 实践教学

实践教学是培养大学生创新能力的另一个重要途径。鼓励学生参与科技创新、社会实践等活动，让学生在实践中学习如何解决问题，提高创新实践能力。通过参与实际工程项目、科研项目和学科竞赛等活动，可以让大学生在实践中积累经验，培养其独立思考和解决问题的能力。此外，实践教学还可以让学生接触到先进的工程技术和设备，开阔其视野，激发其创新思维。

3. 学术科研

学术科研是培养大学生创新能力的重要手段之一。通过参与教师的科研项目或自主开展科研课题，可以让大学生了解科学研究的基本流程、最新的科研动态和技术成果，培养其科学思维，提高其学术素养和创新能力。同时，学术科研还可以让学生接触到更多的学术大师和同行专家，通过与他们的交流和学习，可以激发大学生的创新灵感和热情。

4. 产教融合

产教融合对于大学生创新能力的培养具有重要意义。与企业合作，开展实习、实践、项目开发等活动，让学生了解企业的运营模式和市场需求，培养创新实践能力。产教融合可以帮助学生将理论知识与实际应用相结合，提高其专业技能和创新能力。通过参与实际项目，学生可以接触到行业的最新动态和前沿技术，从而更好地理解和掌握所学知识。同时，在解决实际问题时，学生需要发挥创新思维，寻找解决方案，这有助于培养他们的创新能力和解决问题的能力。产教融合可以为学生提供实习和就业机会，帮助他们更好地融入社会。通过在产业界实习或就业，学生可以了解行业的运作模式和市场需求，积累实际工作经验，提高自己的综合素质和竞争力。同时，他们还可以建立自己的社交网络，与行业内的专业人士建立联系，这对他们未来的职业发展具有积极影响。产教融合还有助于推动高等教育的发展和改革。通过与产业界的合作，高校可以更加了解行业的需求和发展趋势，及时调整和优化专业设置和课程内容，提高教学质量和人才培养水平。同时，产教融合还可以促进高校与企业的深度合作，推动科技创新和成果转化，为经济发展和社会进步作出贡献。

要实现产教融合培养大学生创新能力的目标，需要政府、高校和企业三方共同努力。政府可以出台相关政策，鼓励和支持产教融合的实施；高校可以加强与企业的合作，建立实践教学体系，提高学生的实践能力和创新意识；企业则可以通过提供实习和就业机会，帮助学生将理论知识转化为实际应用。

5. 创新思维训练

创新思维训练是培养大学生创新能力的关键环节之一。通过开设相关的创新思维课程和讲座，可以让大学生了解创新思维的基本原理和方法，培养其创新意识和能力。同时，创新思维训练还可以通过一些具体的训练方法来实现，如头脑风暴法、逆向思维法等，这些方法可以帮助大学生打破传统思维的束缚，激发其创新潜能。多读书、多思考、多总结，不断提高自己的知识水平和思维能力，为创新能力的培养打下坚实的基础。

6. 学生社团

鼓励来自不同学科背景的学生组成团队，进行交叉学科的研究和学习。团队可以利用不同学科的知识和技能，提高创新思维和解决问题的能力。学校组织各种交叉学科的活动，如研讨会、讲座、科研项目等。这些活动可以促进不同学科之间的交流和合作，帮助学生了解不同学科的前沿研究和应用。鼓励学生参与交叉学科的项目，如科技竞赛、创新创业计划等。这些项目需要学生运用多学科知识和技能，通过实践提高创新能力。在交叉学科的学习中，注重基础知识的强化训练。只有扎实的基础知识，才能更好地进行创新和实践。鼓励学生自主学习，提高独立思考和解决问题的能力。通过自主学习，学生可以更好地掌握知识和技能，为创新奠定基础。在社团活动中，鼓励学生提出新的想法和观点，培养他们的创新思维。对于有创新性的想法，可以组织讨论和研究，将其转化为实际的创新项目。在社团活动中，注重团队合作的培养。通过团队合作，学生可以相互学习、互相帮助，提高团队协作能力，为创新提供更好的环境。

7. 学科竞赛

学科竞赛对大学生创新能力的培养具有积极作用，包括激发科研兴趣、培养创新人格和提升创新能力等方面。学科竞赛能够激发学生的科研兴趣。科研是创新的源泉，学科竞赛是学生参与科研的重要途径。学生如果能够在竞赛中取得好的成绩，可以大大提高他们对科研的兴趣和信心，从而引导他们深入研究，取得更好的成果。因此，学校应该鼓励学生参加各种学科竞赛，为学生提供资源和机会，培养他们的科研兴趣。学科竞赛有利于培养学生的创新人格。创新人格是指有利于创新活动顺利开展的个性品质，包括高度的自觉性和独立性，是科学的世界观、正确的方法论和坚忍不拔的毅力等众多非智力因素的结合。参加科技竞赛活动，可以使学生的视野得以开阔，兴趣得到激发，好奇心得到满足，让学生学会独立思考，加强团队合作，学会怎样与人交流。比如学生在遇到专业基础知识不扎实、经验不足、思路不够开阔、找不到解决办法等问题时，就需要参赛学生凭借勇气和毅力去挑战难题，战胜困难。这一过程，使学生的心理承受能力得到提高，意志得到很好的磨炼。学科竞赛可以提升学生的创新能力。创新能力是一种提出问题、解决问题、创造新事物的能力。学科竞赛往往要求学生解决一些实际或前沿的问题，需要学生对所学知识进行深入思考并运用于创新实践。这种过程可以促进学生的创新思维和创新实践能力的提升。

学科竞赛对教师自身发展也有益处，包括以下几个主要方面：

（1）提升教学水平：学科竞赛通常涉及深入的学术知识和技巧，这可以促使教师不断更新自己的知识储备和提升教学技能。通过指导和参与竞赛，教师可以更好地理解学生的学习需求，改进教学方法，提高教学质量。

（2）增强专业素养：学科竞赛往往涉及特定的学科领域，这为教师提供了一个提升自身专业素养的机会。通过参与和指导竞赛，老师可以加深对特定学科的理解，开阔自身的专业视野。

（3）增强沟通能力：在学科竞赛中，教师需要与学生、家长及其他教育工作者进行频繁的沟通。这可以锻炼和提升教师的沟通能力，帮助他们更好地处理教育中的复杂问题。

（4）增强责任感和成就感：通过参与和指导学科竞赛，教师可以感受到教育的责任感和成就感。学生在竞赛中取得好成绩，老师会因此感到自豪和满足，从而提高他们对教育的热情和投入。

（5）建立合作关系：学科竞赛通常涉及团队合作，这为老师提供了一个与其他教师、学校、社区和企业建立合作关系的契机。通过合作，教师可以分享经验、资源和信息，共同推动教育的发展。

（6）个人兴趣和满足感：部分教师对特定学科有着深厚的兴趣，通过参与和指导学科竞赛，他们可以追求自己的兴趣并从中获得满足感。

总的来说，学科竞赛对教师而言，不仅是一次提升自己能力的机会，也是实现教育目标、提高教学质量和建立合作关系的重要途径。

综上所述，土木类大学生创新能力的培养需要多方面的支持和努力。课堂教学改革、实践教学、学术科研以及创新思维训练等都是有效的途径和方法。未来，工作重点是继续探索和实践更加有效的创新能力培养模式和方法，以适应社会的需求和发展趋势。同时还需要关注学生的个性差异和特点，有针对性地培养学生的创新意识和能力，为未来的工程建设和社会发展作出更大的贡献。

第2章

专创融合教学

专创融合教学将学生土木工程试验能力培养与创新创业能力形成融为一体，以专业知识与技能传授为主，将双创教育目标进行分解并融入教学中。土木工程试验课程的总体目标是使学生了解土木工程试验的基础知识、理解土木工程试验的基本原理、掌握土木工程试验基本技能，为学生从事土木工程试验工作打下坚实基础；同时，培养学生爱岗敬业、艰苦奋斗的职业精神；培养学生沟通合作、团队协作的职业能力。试验是土木类创新的源泉，因而土木工程试验非常适合专创融合教学。基于专业知识进行技术创新、服务模式创新，培养创新创业思维。通过对土木工程试验相关理论知识的学习，将实际工作所需要解决的前沿问题呈现在学生眼前，通过协同合作解决土木工程试验领域实际问题，深入专业内部寻找创新的设计。该课程除了总体目标，对各知识模块又单独设置细化目标，每个细化的模块教学目标内均包括融入创新创业元素的知识目标、态度目标、能力目标。

2.1 专创融合教学内容设计

"土木工程试验"在进行教学目标设计时，重点突出专创融合的思维方式，明确专业目标之外的创新创业教学目标，使双创教育融入课程教学、人才培养的全过程。以学生为中心，以教师为主体，围绕专创融合课程建设目标，确定课程教学中的"专创融合点"，对教学资源及内容等进行更新开发、优化完善。具体如下：

1. 专业知识

该课程核心专业知识是结构试验设计原理与方法、加载与量测设备使用方法和结构试验方法。具体包括：

（1）结构试验中试件、荷载和量测设计的内容及关系；

（2）材料力学性能与结构试验的关系、加载速度与应变速率的关系以及对材料本构关系的影响；

（3）相似理论及其应用；

（4）常用的试验装置和加载方法；

（5）各类常用试验量测设备的原理；

（6）各类常用试验量测设备的使用方法；

（7）工程结构静力试验；

（8）工程结构动力试验；

（9）工程结构无损检测；

（10）工程结构试验数据整理和分析。

2. 创新创业知识

创新创业是指基于技术创新、产品创新、品牌创新、服务创新、商业模式创新、管理创新、组织创新、市场创新、渠道创新等方面的某一点或几点而进行的创业活动。创新是创新创业的特质，创业是创新创业的目标。土木类创新大多源于工程实践和试验，因而试验基本知识和技能是创新创业能力的重要组成部分。本课程将创新创业能力、创新精神和创业意识融入专业知识中，进而实现创新创业知识目标、能力目标和态度目标。

3. 专创融合点及对应关系

在厘清课程基础知识、基本原理、专业技能和挖掘双创教育资源的双重基础上，明确二者有机融合的关键领域与契合点，专创融合关系见图 2-1。例如，在教授"无损检测"知识体系中，将"创业型人才"作为无损检测能力分析的对象，剖析该类无损检测人才的创业素养、创业行为与创业活动，提高学生对创业实践

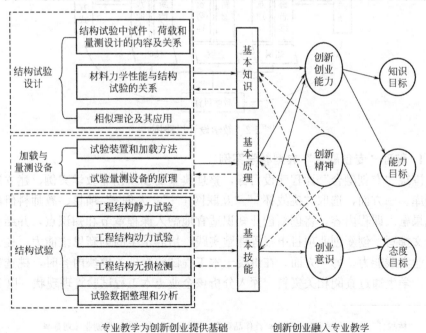

图 2-1　专创融合关系

的了解程度，激发学生的创业意识与热情，为学生毕业后进入创业型企业从事土木工程试验工作或自主开展创业活动提供理论指导。

2.2　教学设计

与传统教学相比，为了培养学生的创新思维、创新意识、创新精神，丰富学生创业知识，提高学生的创业能力和实践能力，全面提高学生的核心素养，本课程在教学设计过程中始终坚持"以学生为中心"的指导思想，在教学目标、教学资源、教学方式和教学活动等多方面实施创新创业教育的改革与融合。以传统教学为参考，在教学过程中贯穿创新方法，融入创新资源，使用创新手段，从而达到教学目标。教学设计思路见图 2-2。

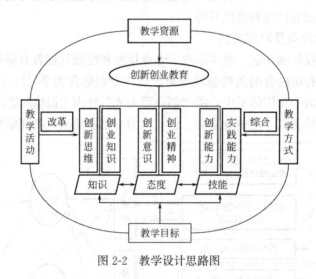

图 2-2　教学设计思路图

1. 整理"专创融合"典型教学案例

围绕"专创融合"课程建设目标，整理典型的创新创业教学案例，建立教学案例库。一方面，选取"挑战杯①""互联网＋②""大创③"项目、教师科研项目等成果融入课程内容，将创新创业知识适宜地融入课程章节和知识点，并结合专业论文撰写、创新创业项目申报等课题实践，培养学生的创新思维能力，提升学生创业实践能力。另一方面，在讲授土木工程试验管理各模块内容时，挑选典范企业，学生通过查阅相关资料、深入分析该企业土木工程试验管理现状，以 PPT

---

① "挑战杯"全国大学生课外学术科技作品竞赛、"挑战杯"中国大学生创业计划竞赛
② 互联网＋大学生创新创业训练项目
③ 大学生创新创业训练计划

汇报的形式剖析企业是如何具体开展土木工程试验管理工作的，如企业招聘的具体流程、招聘渠道的选择、甄选手段等，培养学生解决实际问题的能力。

2. 教学课件与教案更新

基于"专创融合"案例教学思路，对原课程教学课件和教案进行更新，将经过整理的"专创融合"典型教学案例进行巧妙地设计，使之贴合理论知识，在传道、授业、解惑的基础上，实现双创育人目标。

2.3　创新实践

依托课程专业教育，融入创新创业教育，借助于竞赛和创新创业项目进行创新实践：

1. 强化学科竞赛牵引，聚焦"专创融合"培养

厘清了学科竞赛牵引的"专创融合"教育理念的内涵逻辑，基于课题式、创新工作坊式和竞赛工作室等多种竞赛指导形式建立"贯通式"竞赛培养体系，构建学科竞赛牵引的"专创融合"教育理念。基于专业教学实际，研究并实践"专创融合"培养策略，可显著提升学生专业综合能力。开发有专业特色的创新性实践教学项目，实现课内实践、工程实践与课外科技创新有机结合；构建院级、校级、省级与国家级四级专业创新训练项目与科技竞赛体系，为所有土建类学生课外科技创新提供丰富的选择，满足学生的个性化需求，开辟学生创新实践能力培养新途径；依托课程，近 3 年连续组织了校级"懋源杯"建筑与桥梁结构设计竞赛，基本实现了课程开设班级学生参赛全覆盖，显著提升了学生科创参与积极性、创新意识与动手实践能力。课程开设班级学生在 2021 年第十四届全国大学生结构设计竞赛中获得国家级二等奖。以第二课堂建设为重要抓手，构建了覆盖院级、校级、省级与国家级的四级专业创新训练项目与科技竞赛体系，实现了学生不断线、递进式课外科技创新能力培养。

项目组指导学生获得 2022 年全国"挑战杯"大学生创业计划竞赛河南省特等奖；2021 年度第十四届全国大学生结构设计竞赛国家级二等奖；此外，还取得第九届河南省大学生结构设计竞赛一等奖 1 项；2021 年第十五届"挑战杯"河南省大学生课外学术科技作品竞赛一等奖 2 项、二等奖 4 项；2021 年第七届河南省大学生工程训练综合能力竞赛-桥梁结构设计项目获一等奖 4 项（全省共 9 项）、二等奖 2 项等代表性课外科技创新成果。

2. 基于"专创融合"工作室构建综合实践教学模式

经过多年"专创融合"土木工程试验教学课程改革，初步构建了工作室制"专创融合"课程，创建了"创新、创业、创意"人才培养新模式。基于创客空间创新人才培养新途径，完善新时代土建类专业"双创型"人才培养模式。充分发挥创新创业项目枢纽构建融合模式，升级实战课程引导整合创新创业资源，携手企业共营赛事，构建创新创业生态系统，形成螺旋式上升，从知识本位向能力本位迁移。组建"专创融合"工作室，吸纳课程开设班级学生参加，显著提升了学生科创参与积极性、创新意识与动手实践能力。依托"专创融合"工作室，指导学生参加院、校、省和国家级大学生创新创业项目和大赛。提升学生的创新能力和专业综合技能，在全国全省相关影响力较大的重要竞赛中获得高等级奖项。项目指导课程开设班级学生获得了：2020 年全国"挑战杯"大学生创业计划竞赛铜奖 1 项、2020 年河南省"互联网＋"大学生创新创业大赛一等奖 1 项、2021 年河南省"互联网＋"大学生创新创业大赛一等奖 2 项。近 3 年累计获得国家级大学生创新创业项目 5 项，省级 10 项，校级 20 项。

3. 参数化试验、虚拟仿真技术和信息技术助力"专创融合"教学

传统试验项目参数均提前固定，结合"虚拟仿真"技术和信息技术，实现了参数化试验，比如：空间桁架静载试验，学生首先进行实体试验，见图 2-3，实体试验中桁架跨度、榀数、杆件长度、直径和材料特性均是固定的，然后开展空间桁架虚拟仿真试验，见图 2-4，可以随机组合多种试验方案，极大地拓展了学生参与试验的深度与广度。专业知识的深度学习，极大提升了学生的创新创业能力，再融入创新精神和创业意识，使得创新创业教育与专业教育相辅相成、融为一体，增强了学生整体实力。开设课程班级学生在课程组老师指导下分别于 2020 年、2021、2022 年获得全国大学生结构设计信息技术大赛一等奖 2 项、二等奖 5 项、三等奖 4 项；2021 年第四届全国装配式建筑职业竞赛"建筑信息模型技术员"赛项全国总决赛获三等奖，河南省一等奖；2019 年第五届全国高校 BIM 毕业设计大赛获特等奖 1 项，一等奖 1 项。

图 2-3　空间桁架静载实体试验

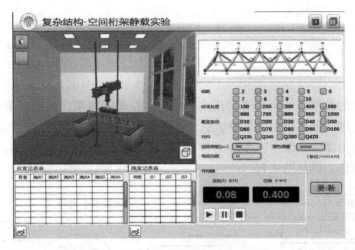

图 2-4　空间桁架静载虚拟仿真试验

4. 课程资源创新

课程学习所需理论知识、试验技能、创新创业知识和虚拟仿真试验知识，全部融入在线课程平台，实现了全天候、个性化自主学习，各类资源类型分布及占比情况见图 2-5，资源统计见图 2-6。

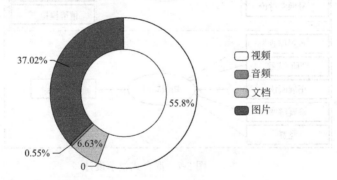

图 2-5　各资源类型分布及占比情况

图 2-6　课程资源统计截图

2.4 教学方法

本课程的教学设计始终遵循开放、融合、互动的原则，强调以学生为中心，以教师为主体，创新使用智慧教学平台等现代化的沟通工具，延伸课堂教学。将教学过程分为课前、课中、课后三个实施阶段，形成系统的、创新的、特色的混合式教学设计，详见图 2-7。

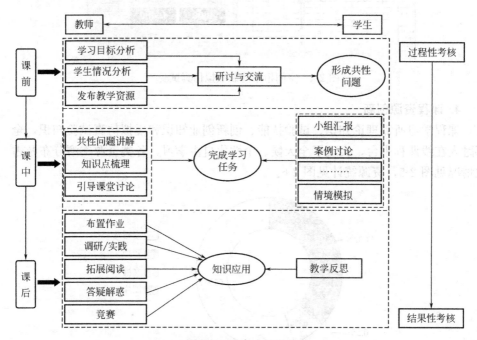

图 2-7　混合式教学设计

优化教学方法始终把"以学生为中心"的教育理念贯穿到课堂教学全过程，以多样化的教学活动为载体，创新优化教学方法，综合使用多种教学手段，引导学生主动参与、独立思考，着力培养学生探索创新的兴趣与能力。具体而言，本课程主要使用以下五种教学方法：

1. 案例教学法

根据本课程各模块知识，针对性地挑选与创新创业关联度较高的典型案例资源，结合实际教学需求，进行案例设计与编制，使之贴合理论知识，有效调动学生学习主动性与创造性，提高学生解决问题的实践能力。

2. 情景模拟教学法

根据土木工程试验管理过程中可能存在的管理情景进行设计，教师设定特殊场景，学生扮演情景角色，引导学生在模拟的工作场景中解决问题。例如，开展工程检测招标投标模拟活动，教师创设工程检测招标投标模拟场景，学生扮演招标投标环节涉及的各种角色，在较为真实的情形下进行实践演练，体验工程检测招标投标流程，将理论与实践相结合，培养学生的应用能力和创新能力。

3. 任务驱动教学法

课堂上教师布置任务，课后学生以小组为单位共同协作完成任务。例如：开展实践调研，即任务小组利用课余时间对某一企业进行实践调查，深入了解该企业土木工程试验现状，根据获取的有效数据撰写调查报告，并在课堂上进行汇报，分享调研结果，在这一过程中学生能体会到理论在实践中应用的价值。

4. 体验式教学法

鼓励学生参与到教师科研项目和工程检测项目活动中，更真实地获得土木工程试验的体验，获得创新创业能力的提升。依托校企合作基地，安排学生到企业开展土木工程试验工作，让学生做力所能及的土木工程试验工作。

5. 竞赛教学法

积极引导学生参加各级各类学科竞赛，例如，中国国际大学生创新大赛、结构模型设计竞赛、结构模型设计信息技术设计大赛等，在竞赛中激发学生创新意识与创造能力，培养学生的竞争意识与团队意识。

2.5　教学考核方法

传统的专业课程考核常以闭卷或开卷考试的方式进行，考核成绩由平时成绩和期末考试成绩综合评定。为了实现全程育人的目标，对课程考核方式进行改革，将过程考核与结果考核相结合，提高过程考核成绩比重，凸显全程育人，注重能力培养。具体考核要求和安排如下：

1. 过程考核

重在考查学生学习全过程，起到一定的监督和激励作用，帮助学生及时调整学习状态与学习方式。过程性考核通过构建评价指标体系，量化打分的方式对学生课前、课中、课后三个阶段的学习态度、学习状况以及学生创新思维、创新能力等方面进行综合评价。过程性考核指标体系见表 2-1。

过程考核指标体系 表 2-1

学习阶段	考核指标	考核主体	具体考核内容	指标权重得分
课前	课前预习	学习通	视频学习时长	10%
	课前习题	学习通	习题正确率	10%

续表

学习阶段	考核指标	考核主体	具体考核内容	指标权重得分
课中	课堂互动	教师	互动参与度、思维创新性	15%
	随堂作业	学习通、教师	提交效率、作业正确率、作品创新性	15%
课后	小组任务	教师	任务的完成度、作品创新性	15%
	自主学习	自我评价	自主学习能力、创新性	10%
	调研实践	教师	完成度、成果创新性	10%
	学科竞赛	赛事委员会	成果创新性	15%

2. 结果考核

重在对学生已获成果进行量化打分，从三个方面对学生展开综合评价：第一，根据学生的创意设计进行量化打分。例如：学生设计的试验大纲、投标文件、企业创设文件等。第二，根据学生的创新成果进行量化打分。例如：学生发表的论文、荣获的学科竞赛证书、发明专利等。第三，根据学生的创业能力进行量化打分。例如：学生撰写的创业项目计划书、商业计划书等。综上所述，本课程的考核框架见图 2-8。

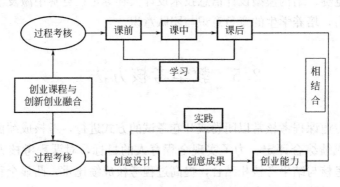

图 2-8　课程考核框架

第3章

大学生综合性创新试验

3.1 钢桁架桥模型静动载试验

3.1.1 背景与意义

桁架是一种由杆件通过节点连接而成的结构，具有较高的承载能力和稳定性。在荷载作用下，桁架杆件主要承受轴向拉力或压力，从而能充分利用材料强度，在跨度较大时可比实腹梁节省材料，减轻自重与增大刚度，故适用于较大跨度承重结构。钢桁架结构由于采用高强度的材料，匀质性好，易于加工，故而构件轻、运输方便，其次是便于架设，具有较大的刚度，适合跨度较大的桥梁结构。桁架桥的传力顺序是：先将桥面所承受的荷载作用于纵梁，再由纵梁传递至横梁，进而由横梁传递至主桁架的节点上。

桁架结构在建筑、桥梁、机械等领域得到了广泛应用。在桥梁工程中，桁架作为一种重要的结构形式被广泛应用于各种类型的桥梁中。例如，钢桁架桥具有较高的承载能力和良好的耐久性，适用于跨度较大的河流和高速公路上；木桁架桥则具有较好的美观性和环保性，适用于小型河流和乡村道路。在建筑工程中，桁架也被广泛应用于各种类型的建筑中。例如，钢桁架屋盖具有较高的承载能力和耐久性，适用于大型工业厂房和展览馆等建筑；木桁架屋盖则具有较好的美观性和文化特色，适用于古建筑和特色建筑等。水利工程也常将钢桁架桥用于水文观测，见图 3-1。总之，桁架是一种具有较高承载能力和稳定性的结构形式，在各个领域得到广泛应用。随着科技的不断进步和创新，桁架的应用前景也将越来越广阔。

随着钢桁架桥在造桥方面大量地运用，各类桥梁病害也应运而生，比如钢材腐蚀病害、涂层劣化病害、螺栓脱落以及钢桁架桥杆件裂缝问题，对于钢桁架桥存在的这些病害问题，要进行定期检查，首先了解桥梁主体结构情况，并且采用观察的方法以及使用一些简单仪器检查其是否有某些部位损伤。比如桥梁受到车辆撞击、发生火灾意外事故等，就需对其杆件进行全方面检查。如有必要需对桥梁进行静力和动力全方面的试验检测。由于实际工程中钢桁架桥一般位于野外，跨越道路或河流，现场实施静动载试验较为繁琐。因此，可以在试验室实施钢桁

图 3-1 水文钢桁架测桥照片

架桥模型静动载试验，使学生更好地掌握钢桁架桥的受力特点。

3.1.2 试验设计

1. 试验原理

对桥梁进行校验时应根据《公路桥梁承载能力检测评定规程》JTG/T J21—2011 进行荷载试验评定，实施荷载试验的主要目的是：当通过检验分析尚无法明确评定桥梁承载能力时，通过对桥梁施加静力荷载，测定桥梁结构在试验荷载作用下的结构响应，并据此确定检算系数重新进行承载能力检算评定或直接判定桥梁承载能力是否满足要求。

静力荷载试验结构主要控制截面的选择，可根据不同类型桥梁主要加载测试项目参考选择，在满足评定桥梁承载能力的前提下，加载试验项目应抓住重点，不宜过多。本试验的钢桁架桥所需检测的项目是跨中、支点截面的主桁杆件最大内力和跨中截面的挠度。此外，$L/4$ 截面的主桁杆件最大内力和挠度、桥面系结构构件控制截面的最大内力和变位以及墩台最大垂直力等也可作为钢桁架桥所需检测的项目。

2. 试验材料与仪器

(1) 桁架桥模型见图 3-2。该桥梁模型尺寸：$3000\text{mm} \times 400\text{mm} \times 400\text{mm}$，10 跨。杆件材质为不锈钢，截面为等边 L 形角钢。桁架桥底部铺设导轨，移动加载小车可通过电动牵引机构沿导轨往复运动加载，加载速度任意可调，操作方便。该桁架桥梁可做组合荷载内力测试及移动荷载影响线试验。

(2) 静态应变测试仪、电阻应变片，见图 3-3。在半数杆件中部位置粘贴验证性应变片，每根杆件在 2 个部位，每个部位对称粘贴 4 片应变片。同时可选配移动荷载控制装置，实现荷载匀速运动。

图 3-2 桁架桥模型实物图

（3）位移传感器，见图 3-4。将位移传感器的可动电刷与被测物体相连，物体的位移引起电位器移动端的电阻变化。阻值的变化量反映了位移的量值，阻值的增加或是减小则表明了位移的方向。

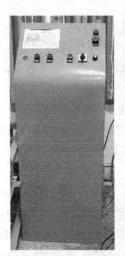

图 3-3 静态应变测试仪、电阻应变片实物图　　　　图 3-4 位移传感器实物图

（4）独立式电动桥梁模型电动控制台。该仪器的功能是使用电机牵引的方法模拟车辆在桥梁上运动，加载速度及加载荷载值均可调节。该装置安装在桥梁模型上，沿铺设轨道做直线运动。

3.1.3 试验步骤

1. 试验准备

将桁架上电阻应变片按照图 3-5 所示的试验装置图接入静态应变测试仪，然后将位移计安装在桁架桥模型跨中位置，连接完毕后检查每个测点是否都处在正常工作状态。

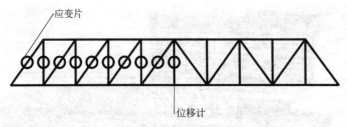

图 3-5　电阻应变片及位移计安装位置图

2. 试验预加载

对桁架进行预载试验。启动配重 2200N 的小车，并检查装置、试件、仪表等是否正常工作，然后卸载，把发现的问题及时排除。确认无问题后，所有仪表重新记录初读数或调零，做好记录的准备。

3. 正式试验

（1）静载试验

首先将小车停在非加载区，将配重为 2200N 小车分别以 40m/min、150m/min、280m/min 的速度匀速行驶至跨中位置持荷 2min 后读数。再打开转向开关，将小车移至非加载区，等待 2min 后记录相应支座处和跨中处的应变及挠度数据。

（2）动载试验

采用分级等量加荷载方式进行加荷，在桥面轨道上分别采用 1400N、1800N、2200N 配重的小车分别以 40m/min、150m/min、280m/min 的速度在轨道驶过各测试截面位置，测定桥跨结构在运行车辆荷载作用下的动力反应。

3.1.4　试验结果及分析

静载试验中，钢桁架桥分级加载荷载下荷载—挠度曲线见图 3-6，不同速度下跨中竖向杆件的应变曲线见图 3-7、图 3-8。由图 3-6 可以看出在不同级别加载下，跨中挠度随加载等级的增加而变大，最大荷载作用下的最大挠度大约为 2.50mm，小于行业标准《公路钢结构桥梁设计规范》JTG D 64—2015 第 4.2.3 条中规定的挠度允许值 1/500＝6.00mm，静载试验的挠度结果表明钢桁架桥施工质量优良。不同速度的挠度曲线十分接近，说明小车移动速度较小的情况下，车速几乎不影响跨中挠度值的大小。由图 3-7、图 3-8 所测的各个测点的应变结果表明，桁架桥模型两侧

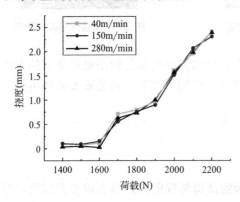

图 3-6　不同速度下荷载—挠度曲线

斜腹杆截面各测点的应变趋势大体相同，均随着加载等级的增加而变大，该桁架桥两侧斜腹杆应力变化基本一致，这与实际中桁架结构的受力特点是一致的，说明该桥梁结构受力均匀，整体工作性能良好，强度较高，桥梁设计的水平较高，施工质量良好。

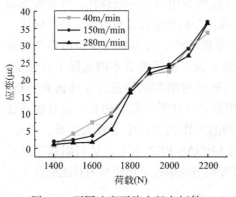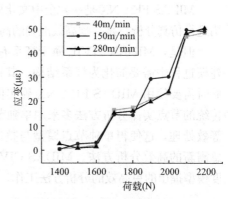

图 3-7　不同速度下跨中竖向杆件　　　　图 3-8　不同速度下跨中竖向杆件
　　荷载—应变曲线（左侧）　　　　　　　　荷载—应变曲线（右侧）

动载试验中，将配重2200N的小车以3种速度行驶过该桥梁，测得该钢桁架桥跨中的最大竖向振动位移幅值分别是：当小车速度为 40m/min，幅值为 2.32mm；当小车速度为 150m/min，幅值为 2.43mm；当小车速度为 280m/min，幅值为 2.45mm。其测试值均满足《公路桥梁承载能力检测评定规程》JTG/TJ 21—2011 中关于桥跨中的最大竖向振动位移幅值规定。在动荷载作用下，桥面振动位移很小，反映出桥跨结构具有较好的整体性和动力性能。

3.1.5　结论

通过钢桁架桥静动载试验，检验了桥梁工作状态。通过试验也可以发现，速度较小时，速度对桥梁跨中挠度和应变影响较小。将部分杆件替换为损伤构件，也可以通过静动载试验对损伤情况进行检测。因而，该试验平台可以为学生提供多种工况的试验训练。

3.2　钢桁架桥多尺度分析试验

1. 背景与意义

MIDAS CIVIL 是由北京迈达斯技术有限公司研发的一款通用有限元设计软件，是土木工程结构，尤其是各种桥梁结构（如梁桥、拱桥、斜拉桥、悬索桥等）分析和设计的高效工具，具有直观的操作界面、丰富的有限单元库和建模助手，并贯入国内外设计规范。既可以实现从静力到动力、线性到非线性等各种常规及高端分析，还可以实现公路、城市和铁路桥梁等混凝土结构、钢结构、钢混组合结构的设计验算。

MIDAS FEA NX 是一款全中文化的土木结构专用仿真分析软件，可对细部结构进行仿真分析，是一款高效准确的高端非线性分析和细部分析有限元分析软件。

但是，MIDAS CIVIL 属于杆系有限元分析软件，大多数构件和边界条件在建模过程中需要简化为杆系结构，其计算结果也不能反映节点的实际工作性能，此时需要使用 MIDAS FEA NX 等实体仿真软件对细部结构进行实体仿真分析。传统的节点实体分析方法多采用单独节点模型，往往需要假定边界，荷载也需要等效处理，这使得单独节点模型与整体结构的工作状态产生了较大差异。因此，急需新的高效分析方法。MIDAS CIVIL 与 MIDAS FEA NX 正是利用基于多尺度模型提出的更高效的分析方法工作，多尺度模型与单独节点模型的对比见表 3-1。

节点实体分析方法对比 表 3-1

	多尺度模型	单独节点模型
模型建立	节点实体模型＋整体模型	节点实体模型
边界	实际边界	大部分需要假定边界
荷载	按实际情况输入	将整体分析的结果作为荷载输入
不同单元类型处理	需处理	无需处理

2. 方案设计

（1）计算分析原理

MIDAS CIVIL 与 MIDAS FEA NX 多尺度分析方法分析验算，无需对节点单独建模，而是直接在整体模型上截取待分析的节点，导出到 MIDAS FEA NX 对节点进行分割、印刻、连接等修饰后，进行网格划分，再导回 MIDAS CIVIL，与整桥模型合并、连接，此方法无需进行节点边界近似处理，无需输入内力，计算结果更接近实际结果。

图 3-9 整桥计算模型

基于 MIDAS CIVIL 建立的钢测桥整桥有限元计算模型见图 3-9，应力分布云图见图 3-10。由图 3-11（a）可以看到，桥面龙骨与主桁架横梁交接处横梁局部受压超限、栏杆节点处应力超限。由图 3-11（b）可以看到，整桥计算模型为杆系有限元模型，桥面龙骨对主桁架横梁的受压区域在计算模型中被简化为一点。图 3-11（c）展示了端部局部应力分布情况，但是梁单元模型难以展示实际构件局部受压应力状态，MIDAS CIVIL 与 MIDAS FEA NX 联动进行多尺度实体仿真分析，可以获取局部应力分布状态。

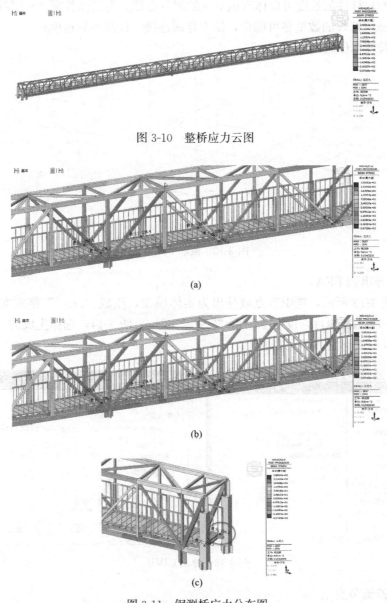

图 3-10　整桥应力云图

(a)

(b)

(c)

图 3-11　钢测桥应力分布图

（a）整桥三维应力分布图；（b）整桥杆件应力分布图；（c）端部局部应力分布图

以下将主要介绍桥面龙骨对主桁架横梁局部受压的计算分析步骤。

（2）计算分析步骤

1）截取节点域

如图 3-12 所示，截取节点域主要是对连接节点的所有杆件截取合理的长度，主要注意事项有：

a. 截取杆件的长度可以体现该节点的细节特征，为截面长宽 2～4 倍即可；

b. 截取杆件的数量尽可能少，便于导回连接，提高运算速度；

c. 长度单位应设置为"m"。

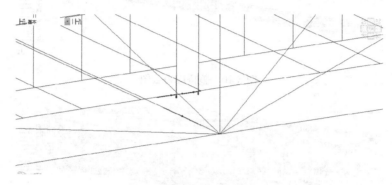

图 3-12　截取节点域

2）导出到 FEA

如图 3-13 所示，选中节点域导出为实体模型，生成".mcs"格式文件。新建一个 FEANX 项目，设定单位系"kN""m"，见图 3-14，选择生成的".mcs"格式文件点击确定，导入完成。

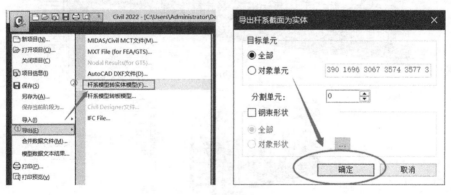

图 3-13　导出 CIVIL

3）修饰节点域

CIVIL 生成的实体单元长度仍为原杆系单元的长度，且某些构件沿长度方向

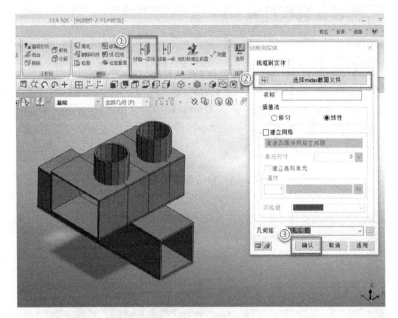

图 3-14 导入 FEANX

的分割并不合理，需要使用 FEANX "几何"菜单中的建模功能对节点域的部分构件 "翻模" "分割"，效果对比见图 3-15。需要注意的是这里的 "翻模" 使用了原模型的坐标点作为参考点，具有高效、准确的优势。

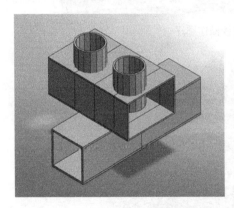 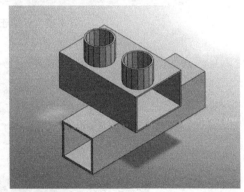

图 3-15 修饰前/后的节点域

4）自动连接（印刻）

自动连接操作见图 3-16～图 3-18。修饰后的构件需要连接才可以在网格划分中共节点，FEANX 有 "自动连接" "印刻" 两种方式实现构件连接，类似图 3-16 所示节点推荐使用 "自动连接"，诸如简支梁桥支座则推荐使用 "印刻"。

图 3-16　自动连接菜单栏

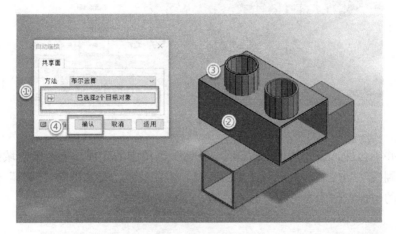

图 3-17　自动连接操作顺序

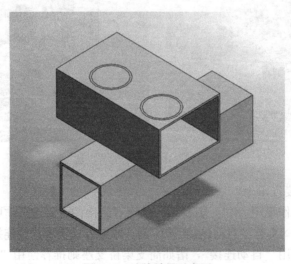

图 3-18　连接效果示意图

5）网格划分

见图 3-19、图 3-20，网格划分前需要确定"材料"和"属性"，FEANX 作为一款土木结构专用软件内置了混凝土、钢材等材料的规范和相关参数，需要注意的是，软件数据库钢材的阻尼比需要手动修改为 0.02。

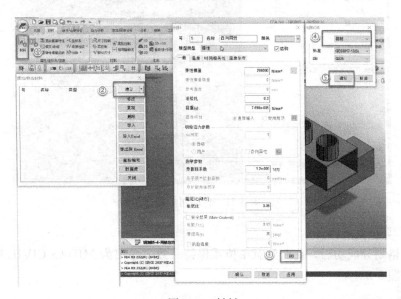

图 3-19 材料

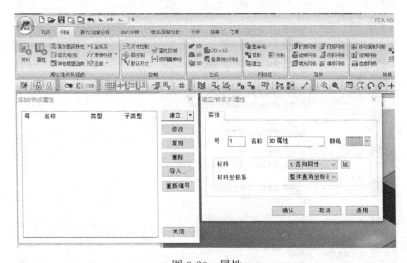

图 3-20 属性

"材料"和"属性"确定后，见图 3-21，选用四面体单元，选择构件自动网格划分。

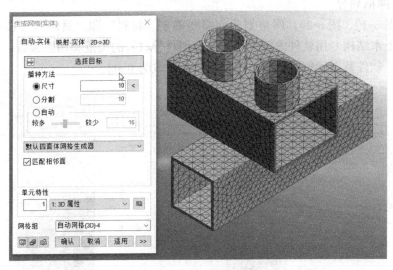

图 3-21　自动网格划分

6）导出到 CIVIL

网格划分成功后，此时注意单位系保持一致，导出为 MIDAS CIVIL 格式文件，见图 3-22。

图 3-22　导出到 CIVIL

7）导入到 CIVIL

如图 3-23 所示，新建一个 CIVIL 文件，导入，未显示报错即导入成功，注意需要修改单元的材料信息，与原模型一致。

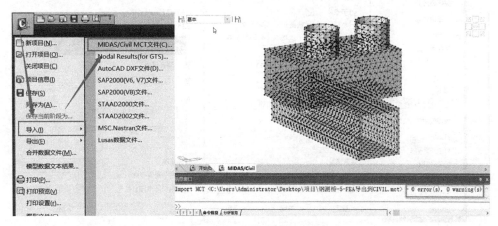

图 3-23 导入到 CIVIL

8）合并数据文件

打开原模型，见图 3-24，删除节点域，将步骤 7 的节点模型与原模型合并，如图 3-25 所示，注意调整"容许误差"，建议调整至比默认值高 2～4 个数量级。

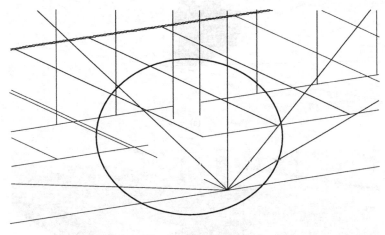

图 3-24 删除节点域

9）刚性连接

如图 3-26 所示，合并成功后的节点与原模型连接，此处使用"刚性连接"功能进行耦合（图 3-27）。选择原模型的杆系单元端点作为主节点，节点域断面上的点作为从节点，连接效果见图 3-28。

图 3-25　合并数据文件

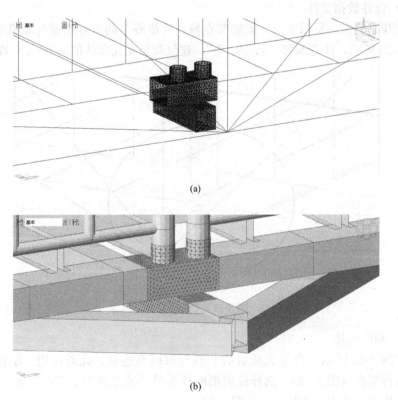

(a)

(b)

图 3-26　合并成功

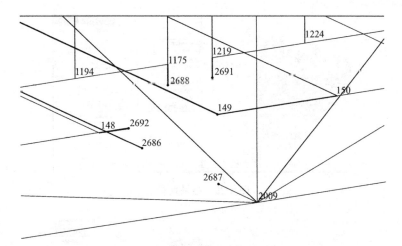

图 3-27　主节点号

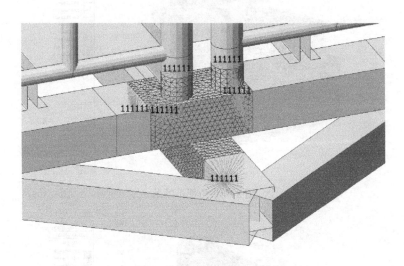

图 3-28　刚性连接效果图

3. 计算结果与分析

见图 3-29，选择"Sig-eff"（等效应力），即 Von-mises stress，进行承载力验算。结果见图 3-30，角部最大值 264MPa＞235MPa，不满足要求，可考虑使用三角加劲肋对此处加固，见图 3-31，角部最大值 203MPa＜235MPa，满足要求。

4. 结论

MIDAS CIVIL 和 FEANX 联动使用的多尺度分析设计方法，具有高效、便捷的优势，此方法应用于构件和节点局部加固的优势也十分明显，实体模型与原杆系模型的连接基于平截面假定，在精确度和分析时间上实现了效率平衡，可以进行多种仿真分析试验，同时也有必要在工程设计中推广使用。

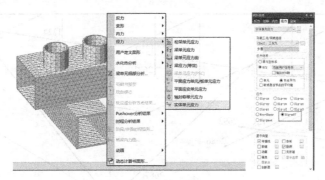

图 3-29　结果查看

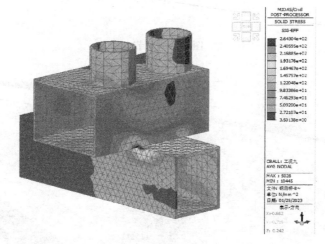

图 3-30　角部不满足

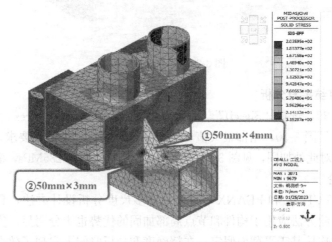

①50mm×4mm

②50mm×3mm

图 3-31　三角加劲肋加固后结果

第4章

大学生创新创业训练项目

大学生创新创业训练项目的实施是深化高等教育教学改革，培养大学生创新精神和实践能力的重要方法。大学生创新创业训练计划项目包括了创新训练项目、创业训练项目和创业实践项目三类，是一个完全由大学生自我设计、自主试验、自我管理的研究项目。大学生创新创业训练计划项目是高校本科教学质量与教学改革工程的重要组成部分，是大学生的实践动手能力和创新精神的重要培养途径。该计划旨在建立和探索以问题为核心的新教学模式，以学生为中心的创新性试验改革和研究性学习，调动学生的积极性、主动性和创造性，提高学生的实践创新能力。为鼓励大学生开展创新训练项目，国家级大学生创新创业训练项目由中央财政、地方财政共同支持，中央部委所属高校参与国家级大学生创新创业训练，由中央财政予以经费支持。地方所属高校参加国家级大学生创新创业训练项目，由地方财政予以支持。

4.1　大学生创新创业训练项目简介

1. 项目类型

创新训练项目：本科生个人或团队在导师指导下，自主完成创新性研究项目设计、研究条件准备和项目实施、研究报告撰写、成果（学术）交流等工作。

创业训练项目：本科生团队在导师指导下，团队中每个学生在项目实施过程中扮演一个或多个具体角色，完成商业计划书编制、可行性研究、企业模拟运行、撰写创业报告等工作。

创业实践项目：学生团队在学校导师和企业导师共同指导下，采用创新训练项目或创新性试验等成果，提出具有市场前景的创新性产品或服务，以此为基础开展创业实践活动。

2. 项目类别

一般项目：按每年惯例申报的国家级大学生创新创业训练项目，推荐数额不超过省级大学生创新创业训练计划项目的 1/3。

重点支持领域项目：为 2021 年起新增项目，推荐数额不超过上一年度"国创计划"立项项目总数的 2%。旨在鼓励大学生根据国家经济社会发展和重大战略需求，结合创新创业教育发展趋势，在重点领域和关键环节取得突出创新创业成果。视项目进展情况，优先邀请参加全国大学生创新创业年会。

4.2　如何做好创新训练项目

4.2.1　选题

对于项目而言选题是非常重要的，选题既要有一定的创新性、价值性、可行性，也要保证项目在实践中能够顺利地完成，难度不宜过大。"大创"原则是"兴趣驱动，自主创新，重在过程"，选题时可以不拘于本领域本专业，目标明确即可。选题时主要注意以下几个方面：

1. 选题来源：

1）参与学生自己的想法和创意，由学生自己提出新课题，这种通常创新性较强，但是需要老师和学生把握想法的可实施性。

2）学生和老师参加了相关专业的竞赛，并在其中发现了新的科学问题，并且此问题有必要去进行深入研究。

3）校企合作中企业有课题研发需要，委托高校进行研究，通常这种课题的实用性和可操作性强。

4）指导老师推荐的项目，通常情况下是指导老师的科研课题的某一部分，选出来比较合适的给学生进行研究。

2. 选题难度：

从各年的大学生创新创业训练项目来看，难度不能太高。一方面，大学生大多数时间还要以课堂学业为重，大学生创新创业训练项目是在课余时间完成的，如果难度过大，对于没有科研经历的大学生而言很难完成；另一方面，难度过大会增加学生的负担，影响其学业成绩，得不偿失。对于一些少数兴趣浓厚、善于钻研、具有挑战精神的大学生而言可以适当地提高难度，但总体难度不宜高于研究生的课题难度。

3. 创新：

项目要想获奖，必须要创新，要做到技术创新和模式创新。

4.2.2　研究内容

首先要明确指出研究对象和目标，针对项目背景所存在的问题，并且要体现出创新性和可行性。之后写出解决问题的主要思路是什么，然后介绍研究方法和原理，研究步骤和过程，研究结果和结论，最后是总结与展望。

4.2.3　项目实施

确定好合适的项目方向后，对项目进行规划实施。

4.2.4　组建队伍

大学生创新创业训练项目一般是 3～5 人一组，每年三四月份报名，在报名之前要组队。小队成员一般由愿意花费时间的大二大三学生组成，可以是不同学院不同班级，重要的是需要对项目感兴趣。在计划表里需要明确分工，根据每个队员的擅长点划分具体的任务。更要每个队员打好配合，互相商讨遇到的难点，并和指导老师一起解决难题。

4.3　案例分析

本节结合笔者指导的几个典型大学生创新训练计划项目，阐释该类项目的选题、实施以及取得的成果。其中非规整简支 T 梁桥荷载横向分布计算方法、混凝土结构实体抗渗性能检测试验和装配式空心板桥铰缝传力机理研究均是基于工程实践提出科学问题，然后通过理论分析或者试验研究提出创新解决方案，铁尾矿砂再生混凝土与钢筋粘结试验是基于社会发展需求进行的科学问题探索。

4.3.1　非规整简支 T 梁桥荷载横向分布计算方法

1. 项目背景和意义

随着我国经济的高速发展，公路交通量持续增加，既有公路网的通行能力难以满足交通运输事业的迅速发展，旧线改造扩建成为提高道路运输能力的首选路径。道路改造扩建工程势必涉及桥梁加宽改造。简支 T 梁桥是道路上常用的桥型之一，对其加宽、加固改造技术进行研究，避免拆除重建，节约了资源，利国利民。

由于规范和技术发展，既有桥梁加宽改造工程中新桥截面形式、尺寸和预应力配筋情况均不同于旧桥，由此导致新旧主梁截面、间距和材料属性不一致，区别于由截面特性、间距和材料属性等均相同的梁组成的常规简支 T 梁桥，这里将加宽改造后形成的这种装配式简支 T 梁桥称为非规整简支 T 梁桥。

国外的经验系数法，国内的铰接梁法、刚接梁法均是针对常规装配式 T 梁桥，难以直接用于非规整 T 梁桥横向分布计算。非规整简支 T 梁桥横断面刚度不一致，不符合比拟正交异形板法的应用前提，刚性横梁法适用于桥跨结构的宽度和长度之比小于 0.5 的窄桥，而高速公路加宽工程一般将原来的双向 4 车道升级为双向 6 车道或 8 车道、单幅宽度达到 10.5～17.5m，加宽后宽度和长度比接近1，超出了该方法的适用范围。国内外现有方法均难以直接应用到非规整简支T梁桥荷载横向分布计算，需研究其计算方法及其工程应用。

2. 项目设计

依据力法原理，推导非规整装配式简支T梁桥的荷载横向分布通用解析表达式，编制程序求解荷载横向分布影响线、横向分布最不利位置和横向分布系数。

3. 主要研究内容

首先根据铰接板（梁）法基本假定和力法原理，推导铰接板（梁）法的一般力法方程。在此基础上，编制程序解决任意铰接梁桥横向分布影响线、横向最不利位置及横向分布系数计算问题；同时，通过实例对该方法的有效性进行检验，并探讨荷载横向分布分析在旧桥加宽改造中的具体应用方法；最后，提出适用于常见加宽空心板桥的荷载横向分布的实用计算方法，并根据程序计算结果，提供可直接查取的相应表格。

（1）一般力法方程

一般力法方程是针对铰接板（梁）桥上部结构基本体系和力的作用位置而言的，在一般力法方程中铰接板（梁）上部结构基本体系由截面特性和间距均不相同的空心板组成，且力可作用在任意板（梁）上。

（2）基本结构体系

考虑如图 4-1 所示的由 n 块截面属性及板间距各不相同的梁组成的装配式梁桥，计算跨度是 l。以 E_i、G_i、I_i、It_i 和 b_i 分别表示第 i 号板的弹性模量、剪切模量、截面抗弯惯性矩、截面抗扭惯性矩和截面宽度，其中 i 是 $1\sim n$ 间的整数。当第 i 号板受到单位半波正弦分布荷载 p 作用时，如果各铰缝受到的弯矩、横向剪力和法向轴力均忽略不计，其受到的竖向剪力为 g_i，则 g_i 同样是半波正弦内力，因而可以简单地取荷载和铰接力在跨中的数值，即半波正弦曲线的峰值，来表示单位正弦荷载的横向分配情况，此时 $p=1$，具体受力情况计算模型见图 4-2。

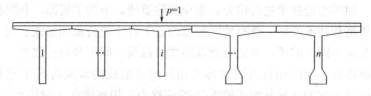

图 4-1　装配式梁桥跨中横断面示意图

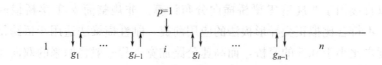

图 4-2　单位荷载作用于第 i 片梁时计算模型

（3）横向分布影响线

1）柔度矩阵

根据铰接缝处相对位移为0的变形协调条件，按照张量记法，可得任意接缝j处的正则方程，即

$$\delta_{jk}g_j + \delta_{jp} = 0 \quad j, k = 1, 2, \cdots, n-1 \tag{4-1}$$

式中　δ_{jk}——柔度系数，即铰接缝k内作用单位正弦铰接力时，在铰接缝j处引起的竖向相对位移；

δ_{jp}——外荷载p在铰接缝j处引起的竖向位移。

δ_{jk}的符号一般按照如下规则选取：当δ_{jk}的方向与g_j一致时取正号，也就是说，使某一铰缝增大相对位移的挠度取正号，反之取负号。见图4-3，g_j是作用于j和$j+1$号板梁上的一对大小相等，方向相反的剪力，故难以根据现有规则判断其正负号。实际上，δ_{jk}的正负判定原则可以更精确地表述为：$k>j$时，δ_{jk}与$j+1$号板梁上的剪力g_j方向一致时取正号；$k<j$时，δ_{jk}与j号板梁上的剪力g_j方向一致时取正号，反之取负号。p作用的板梁两侧铰缝的剪力均向上，板梁在p作用产生的位移向下，因而δ_{jp}均取负号。

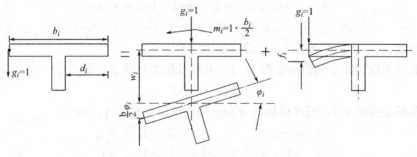

图 4-3　板梁典型受力图式

根据典型板梁典型受力图式及结构体系可知，缝j仅与和它相邻的缝$j-1$和$j+1$相关，其他柔度系数全为0，即

$$\delta_{jj} = w_j + \frac{b_j}{2}\varphi_j + f_j + w_k + \frac{b_k}{2}\varphi_k + f_k \quad 1 \leqslant j < n, \ k = j+1 \tag{4-2}$$

$$\delta_{kj} = \delta_{jk} = -\left(w_j - \frac{b_j}{2}\varphi_j\right) \quad 1 \leqslant k < n-1, \ \text{且} \ j = k+1, \ k \neq i-1 \tag{4-3}$$

$$\delta_{ik} = \delta_{ki} = w_i - \frac{b_i}{2}\varphi_i \quad k = i-1 \tag{4-4}$$

$$\delta_{kj} = 0 \quad 1 \leqslant k < n, \ 1 \leqslant j < n, \ \text{且} \ j \neq k-1, \ k, \ k+1 \tag{4-5}$$

式中　w_j——单位正弦荷载作用下，第j号板梁跨中挠度，采用式（4-6）计算；

φ_j——单位正弦荷载作用下，第 j 号板梁跨中转角，采用式（4-7）计算；

f_j——单位正弦竖向剪力荷载作用下，第 j 号梁跨中翼缘板的局部挠度，采用式（4-4）计算。$I1_j$ 为单位长（沿桥跨方向）翼缘板的横向抗弯惯性矩，d_j 为翼缘板的悬出长度，见图 4-3。值得注意的是，新旧梁截面虽然不同，但计算 $I1$ 时，等效厚度值均可取距离腹板边缘 1/3 倍翼缘板长度处的厚度。

$$w_j = l^4/(\pi^4 E_j I_j) \quad 1 \leqslant j \leqslant n \quad (4\text{-}6)$$

$$\varphi_j = b_j l^2/(2\pi^2 G_j I t_j) \quad 1 \leqslant j \leqslant n \quad (4\text{-}7)$$

$$f_j = d_j^3/(3E_j I1_j) \quad 1 \leqslant j \leqslant n \quad (4\text{-}8)$$

将式（4-6）和式（4-7）代入式（4-2）～式（4-5），可求得柔度系数矩阵 δ。

2）竖向位移矩阵

由结构体系和基本受力图式可知，外荷载 p 作用于 i 号板梁时，它两侧铰缝 $i-1$ 和 i 的竖向位移值为 w_i，再结合 δ_{ip} 的符号规定，可得

$$\delta_{(i-1)p} = \delta_{ip} = -w_i \quad 1 < i < n \quad (4\text{-}9)$$

$$\delta_{kp} = 0 \quad 1 < k < n，且 k \neq i, i-1 \quad (4\text{-}10)$$

$$\delta_{ip} = -w_i, \quad \delta_{kp} = 0 \quad i = 1, 1 < k < n \quad (4\text{-}11)$$

$$\delta_{(i-1)p} = -w_i, \quad \delta_{kp} = 0 \quad i = n, 1 \leqslant k < n-1 \quad (4\text{-}12)$$

由式（4-9）～式（4-12）可得位移矩阵 B。

获得柔度矩阵 δ 和位移矩阵 B 后，可得铰接力矩阵 g，即

$$g = \delta^{-1}(-B) \quad (4\text{-}13)$$

然后根据图 4-2，可求得横向分布影响线坐标值矩阵 η，即

$$\begin{cases} \eta_{ki} = -g_{ki} & k=1, \ i \neq 1 \\ \eta_{ki} = 1 - g_{ki} & k=1, \ i=1 \\ \eta_{ki} = g_{ki} - g_{(k-1)i} & 1 < k < i \\ \eta_{ki} = 1 - (g_{ki} + g_{(k-1)i}) & k=i \\ \eta_{ki} = g_{(k-1)i} - g_{ki} & i < k < n \\ \eta_{ki} = -g_{(k-1)i} & k=n, \ i \neq n \\ \eta_{ki} = 1 - g_{(k-1)i} & k=n, \ i=n \end{cases} \quad (4\text{-}14)$$

式中 η_{ki}——k 号板梁的荷载横向分布影响线在 i 号梁轴下的竖坐标值。

在铰接板法的推导过程中，若假定板（梁）截面和间距相等，即当 $1 < i < n$ 时，如果 E_i、G_i、I_i、It_i 和 b_i 均保持不变，那么上述方程即是经典铰接板法的力法方程，因而现有铰接板法是本文推导的一般力法方程的一个特例。经典铰接板（梁）法推导时大多将边跨上作用单位荷载时作为一般情况分析，本项目推导将力作用于任意板（梁）更具有普适性，因而本项目所推导的铰接板法一般力法方程更具有普适性。此外，需要说明的是，以上推导均以铰接 T 形梁桥为例，

若应用到铰接空心板桥时，仅需将刚度矩阵中主对角线上的项加上 T 形梁翼板悬臂端的弹性挠度 f 去掉。

4. 程序实现及算例

（1）程序实现

1）横向分布影响线

当板的数量较少时，一般力法方程求解较为简单，但当板的数量较多时宜编制计算程序求解。按照上述推导过程编制横向分布影响线求解程序 TDILP，依次求解 δ、B、g 和 η，可求得板的横向分布影响线，具体程序框图见图 4-4。

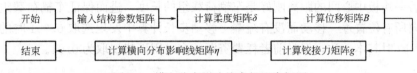

图 4-4　横向分布影响线求解程序框图

2）汽车荷载最不利位置及其荷载横向分布系数

获得影响线以后，将规范规定的标准车辆荷载在影响线上移动，寻找最不利位置。一般是先确定荷载的临界位置，然后从中选出荷载的最不利位置，计算其对应的横向分布系数值。确定临界位置时，需要将其中的集中荷载逐一作用在影响线的顶点上试算，逐个计算，逐个判别，计算工作量大，费时费力。这其实是一个重复计算、判别并比较的过程，可以借助计算程序高效、精确地完成。

① 基本原理

对于如图 4-5 所示某板的横向分布影响线，计算 3 辆车作用下最不利布置位置时，可以将车辆荷载组由影响线最左端，按照一定的步长移至最右端，记录下每一次移动后的位置和横向分布系数值，最后比较每个位置横向分布系数值大小，寻找其最大值，最大值对应的位置就是车辆荷载组最不利布置位置，其值即是相应的横向分布系数。只要步长取值足够小，板所有位置的横向分布系数值均可通过程序求得，因而程序计算所得结果较为全面和准确。其余车辆数最不利布置位置求解以此类推。

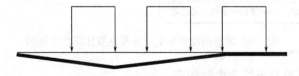

图 4-5　荷载最不利位置示意图

② 计算程序框图

将上述过程编制成横向分布系数求解程序 TDCP，即可实现横向分布系数的自动化求解，程序框图见图 4-6。对整桥各板最不利位置及其横向分布求解时，为提高输入效率，将影响线的横坐标，即各板的间距存储于数组 a 中，将各板横向分布影响线纵坐标值放置于数组 b 中，实现了一次全部输入程序，提高了输入效率。同时为提高程序计算效率，将由板影响线确定最不利位置及其横向分布系数值做成子程序，单块板用子程序进行计算，计算结果也存储于主程序数组中，便于一次集中查看结果。框图中的 s 为车辆荷载组起始移动位置，若是高速公路等不计人群荷载的桥梁需要从端部开始移动，即 $s=0$；普通公路等考虑人群荷载的桥梁，需要根据人行道的实际宽度选取 s 值。s 的结束位置通过 $s<=a(x)-1.8n-1.3\times(n-1)$ 判定，其中 $a(x)$ 是最后一块板中心线坐标，程序结束时 s 与最后一块板中心间的距离刚好是车辆荷载组的长度，进而保证车辆荷载组在桥梁横向所有位置逐一移动而没有疏漏。移动步长计算中发现选取 0.001 时的精度与 0.010 时基本一致，但是前者耗费资源较多，因而建议取为 0.01。

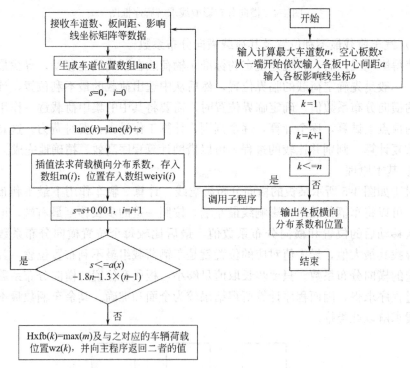

图 4-6 最不利位置及横向分布系数计算程序框图

（2）荷载横向分布综合求解程序

将横向分布影响线求解程序 TDILP 输出的，各板横向分布影响线坐标矩阵 η，直接赋予 TDCP 中的 b，可得装配式空心板桥横向分布系数综合求解程序 FTDCP，软件具体应用见第 5 节，程序实现了横向分布影响线、横向最不利布置位置及其横向分布系数一次输出，为设计与加固提供了便利。

5. 算例

（1）工程概况：选取高速公路上某单跨 20m 简支钢筋混凝土 T 梁桥为例进行分析。该桥计算跨度 19.5m，上部承载结构由 5 片常截面预制 T 形主梁（见图 4-7a），宽度为 8m，混凝土铺装层厚 8cm。

根据新旧桥同结构、同跨径、上连下不连的原则对该桥进行加宽设计，加宽桥宽 4.50m，由 2 块 2.25m 宽、1.34m 高的 T 梁组成，其横断面见图 4-7（b），桥 C60 混凝土铺装层厚度为 80mm，采用图 4-8 所示单侧加宽的方式将桥面加宽至 12.50m。新旧 T 梁直接拼接，新旧 T 梁翼缘不连接，仅桥面铺装连续，新旧桥均未设置横隔板，因而整桥荷载横向分布可以采用铰接梁法计算。加宽后整桥横断面见图 4-8，为便于描述，将 T 梁自旧桥边梁开始到新桥边梁依次标记为 $S_1 \sim S_7$。

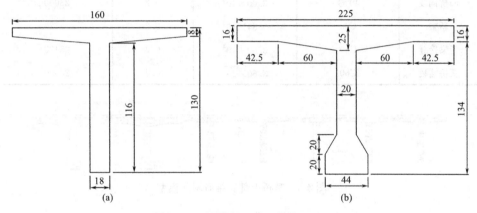

图 4-7　T 梁横断面图（单位：cm）

(a) 旧 T 梁；(b) 新 T 梁

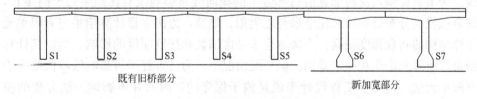

图 4-8　加宽 T 梁桥横断面布置（单位：cm）

（2）有限元计算模型：目前商业有限元软件较多，ANSYS、ADIA 和 MIDAS 系列软件等均可用于桥梁结构分析。MIDAS FEA 主要针对桥梁工程开发，与中国规范无缝对接，便于分析校核，其预应力钢筋单元使得预应力钢筋的模拟变得更加简单，且该软件能够实现非节点加载，有利于对桥梁各个位置加载分析。因而，本研究有限元分析平台选为 MIDAS FEA。

依据设计资料，确定桥梁上部材料属性，见表 4-1，混凝土弹性模量采用钢筋与混凝土的折算弹性模量，考虑普通钢筋的影响。采用 MIDAS FEA 建模计算，预应力筋采用该程序特有的钢筋单元模拟，其余均采用实体单元模拟。同时，假定铰缝、空心板和铺装粘结良好无相对滑移，因而建模时直接共节点。这里仅选取上部结构进行计算，预应力空心板施加空间简支约束，三维有限元模型见图 4-9。

整桥材料特性表　　　　　　　　　　　　　　　　　表 4-1

结构类型	混凝土强度等级	弹性模量（MPa）	泊松比	重力密度（N/m³）
旧梁	40 号	3.41×10^4	0.2	25850
旧梁接缝	40 号	3.25×10^4	0.2	25000
旧桥铺装	40 号	3.00×10^4	0.2	25000
新梁	C60	3.84×10^4	0.2	26720
新梁接缝	C60	3.60×10^4	0.2	25490
新桥铺装	C60	3.60×10^4	0.2	25000

图 4-9　整桥上部三维有限元模型

（3）荷载横向分布影响线对比分析：提取各板跨中截面位移后，求得各梁荷载横向分布影响线。同时将各板截面属性输入 TDILP，求解荷载横向分布影响线。为节省篇幅，仅将加宽前后部分梁的横向分布影响线对比结果列于图 4-10，其余板横向分布影响线对比结果与之类似。显然，力法方程计算结果与有限单元计算结构的吻合程度较高。力法方程未考虑铺装和接缝深度的影响，所以其计算结果与有限元法存在一定差别。但一般情况下，力法方程所得影响线峰值略高于有限单元法，这对于工程设计来说是偏于保守的，因而并不影响力法方程的使用。故力法方程可用于计算由不同截面组成的加宽铰接 T 梁桥的横向分布影响线。

6. 小结

针对目前装配式梁桥加宽设计中，非规整 T 桥荷载横向分布分析的需要，提出了该类桥荷载横向分布分析方法。进而建立了一套非规整装配式简支板桥荷载横向分布分析方法，其分析结果与有限单元法基本一致。

然而实际工程中尚有诸多问题亟待开展研究，比如：

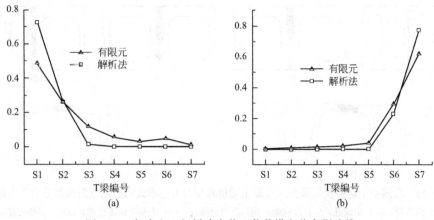

图 4-10　加宽空心板桥跨中截面荷载横向分布影响线

(a) S1；(b) S7

（1）工程中存在大量斜交装配式 T 梁桥，本研究所提方法对于该类桥梁的适用性是一个值得研究的问题。

（2）新旧桥沉降、新旧桥收缩徐变差异对装配式梁桥加宽改造与加固的影响也是值得研究的内容。

（3）本研究以装配式 T 梁桥为主进行论述，所提理论适用于装配式空心板桥和小箱梁桥，但具体应用细节尚需深入研究。

4.3.2　装配式空心板桥铰缝传力机理研究

1. 研究意义与背景

中小跨径预制装配式混凝土梁桥结构简单、现场湿作业少、施工速度快、造价较低，是应用最广泛的一种桥型。根据纵梁截面形式不同，可分为空心板桥、T 梁桥和小箱梁桥。横向连接件沿桥跨方向将各片纵梁连成整体而协同工作，是该类梁桥的重要组成构件。空心板桥中横向连接件一般称为铰缝，T 梁桥和小箱梁桥中横向连接件一般称为湿接缝。因横向连接件主要承受竖向剪力作用，在国外常称之为剪力键（Shear Key）。这里将横向连接件统称为剪力键。目前常见的剪力键形式见图 4-11、图 4-12。室内模型试验和现场原型试验均表明：车辆荷载作用下，该类桥最先发生开裂的部位是纵梁与剪力键结合面，剪力键破坏先于纵梁。剪力键耐用性较差是该类桥的一个薄弱点，这在一定程度上限制了该类桥的应用，故十分有必要研究剪力键的传力机理，为该类桥梁设计与维护提供科学依据。此外，河南境内存在数量众多的中小跨径预制装配式混凝土梁桥，开展该项研究也可提高省内该类桥梁维修加固水平。本项目主要研究空心板桥剪力键传力机理。

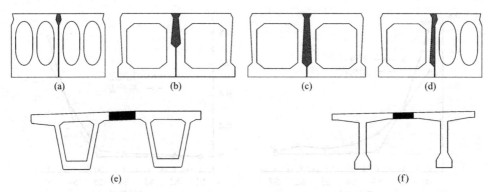

图 4-11　我国中小跨径预制装配式混凝土梁桥常用剪力键形式示意图（阴影部分为剪力键）
（a）浅铰缝；（b）中铰缝；（c）深铰缝；（d）新旧板接缝；（e）小箱梁桥湿接缝；（f）T梁桥湿接缝

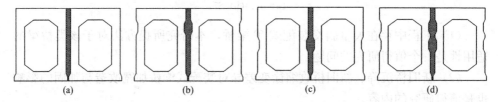

图 4-12　国外中小跨径预制装配式混凝土梁桥常用剪力键示意图（阴影部分为后浇混凝土）
（a）无剪力键；（b）标准剪力键；（c）中心轴剪力键；（d）双剪力键

2. 试验设计

（1）试验原理

采用普通矩形梁代替原纵梁，使其抗弯刚度与原纵梁截面抗扭刚度一致，这就相当于在普通梁跨中设置一个剪力键连接，剪力键的受力状态与其在原桥中的受力状态基本一致，这里称该试验方法为带剪力键梁式试验。

（2）试件制作

首先，在平坦的地面上放置梁的底模以及钢筋骨架，并布置模板。放置钢筋骨架时，在钢筋骨架上绑扎 25mm 厚的混凝土垫块，以满足规范要求的混凝土保护层厚度。

在浇筑梁段混凝土之前，在木模板内侧涂抹一层隔离剂，以方便拆模，同时获得外观较好的梁。在混凝土浇筑完成后，使用振捣棒进行振捣，振捣密实后，立即覆盖一层薄膜，防止水分的蒸发，避免混凝土的表面出现裂缝。

养护 24h 至 48h，达到拆模要求后，拆除预制梁段的模板，并对预制梁段与铰缝接触的结合面进行高压水枪喷毛处理，平均喷毛深度控制在 6mm 左右。最后，对预制梁段进行洒水养护。预制梁段的具体制作流程见图 4-13。

在平坦的底面上布置底模，并将制作好的预制梁段在底模上进行拼接。预制梁段放置完毕后，对模板进行拼装。由于铰缝的尺寸较小，在浇筑铰缝混凝土之

| 绑扎钢筋骨架 | 拼装模板 | 浇筑混凝土 | 高压水枪喷毛 | 预制梁段成型 |

图 4-13 梁段制作

后，使用专用的小型振捣棒对铰缝混凝土进行振捣，采用快插慢拔的振捣方式，使铰缝混凝土振捣密实。铰缝混凝土浇筑完毕后，养护 24h 至 48h，拆除模板，并进行洒水养护。铰缝制作流程见图 4-14。

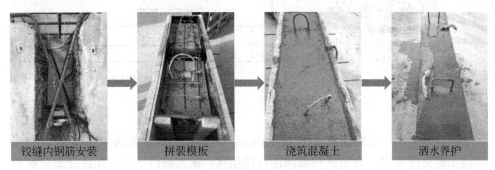

| 铰缝内钢筋安装 | 拼装模板 | 浇筑混凝土 | 洒水养护 |

图 4-14 铰缝制作

预制配筋梁和铰缝的混凝土采用同原空心板桥的配合比相同的 C40 混凝土。构件钢筋配置方法如下：钢筋类型采用 HRB400，左右两个配筋梁上部纵向钢筋直径为 12mm，下部纵向钢筋直径为 18mm，间距为 160mm。箍筋采用直径为 8mm 的螺纹钢筋，设置间距为 150mm，从两侧依次往中间布置。实际工程中空心板混凝土铰缝配置交叉钢筋，抗剪钢筋，纵向钢筋，横向钢筋。铰缝抗剪钢筋穿过混凝土和铰缝接触面，交叉钢筋配置在铰缝内部。铰缝抗剪钢筋一部分和左右两个混凝土梁连接，另一部分与交叉钢筋连接，采用直径为 10mm 的螺纹钢筋，且中间横向平行均匀配置 3 层直径为 10mm 交叉钢筋，通过钢丝分别绑扎连接于抗剪钢筋和横向钢筋，交叉钢筋上部绑扎于铺装层钢筋。铺装层配一层直径为 10mm 双排钢筋，钢筋间距为 150mm×160mm。构件保护层预留 20mm。

（3）测点布置

在铰缝内部的 U 形钢筋上预埋应变片以测量钢筋应变，见图 4-15。如图 4-16 所示，在梁段前后两侧对应位置布置共 8 个位移计以测量铰缝的挠度变化。荷载作用于铰缝一侧的预制梁段上，荷载作用侧被称为加载段，非荷载作用侧被称为非加载段。在进行数据统计时，铰缝的挠度差为加载段、非加载段铰缝位移计实测值进行支座修正后的位移差值，以下简称相对挠度；对于使用传统铰缝配筋的梁，加载段钢筋应力由测点 C2、C4 取平均值得到，非加载段钢筋应力由测点 C1、C3 取平均值得到。

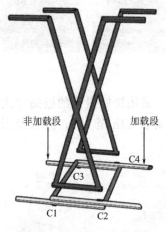

图 4-15　U 形钢筋测点布置图

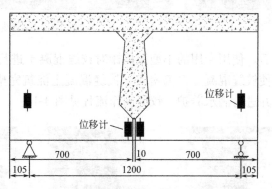

图 4-16　位移计布置

（4）加载

静载试验中，支座距离梁段边缘 105mm。荷载距离梁段边缘 455mm，静载试验工况见图 4-17。在正式加载前进行预加载，预加载值不超过预计开裂荷载的 70%。预加载成功后，进行正式加载。铰缝开裂前后，分别取预测极限荷载的 5% 和 10% 作为各级荷载的增量值。每级荷载持荷 20min。

图 4-17　静载试验工况

3. 铰缝试验结果分析

　　如图4-18所示，随着荷载增加，加载侧梁段混凝土与铰缝界面下部开裂，然后自下而上逐步开裂至铺装；裂缝宽度也随荷载增大而增加，见图4-19。由图4-20可知，试件在荷载加载初期，各个测点上钢筋应力随着荷载的增加变化相对较小。当荷载加到130kN时，加载端钢筋应力增大至变化前的4.75倍，此时裂缝沿加载端铰缝结合面出现，底部混凝土退出工作，荷载由加载端门式钢筋承担，致使该处的钢筋应力突然变大，而非加载端钢筋应力也随着荷载的增加而增加，由此可知，此时荷载由加载端向非加载端传递，使非加载端钢筋应力变大。铰缝开裂后，钢筋应力随着荷载的增加呈非线性变化，裂缝沿着结合面随着荷载的增加向上延伸，当荷载加到205kN时，加载端钢筋应力再次增大，是开裂前钢筋应力的12.25倍，裂缝到达铺装层下边缘试验结束。自铰缝开裂至试验结束，非加载端钢筋应力几乎不变，说明铰缝开裂后传力性能差。

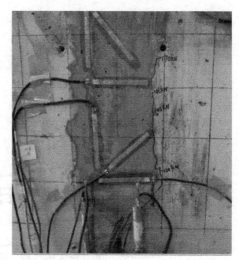

图4-18　试件裂缝图

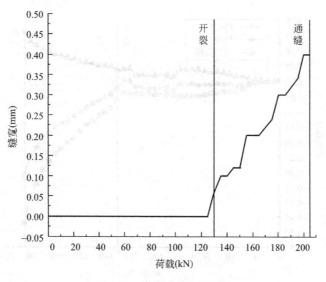

图4-19　荷载-裂缝宽度图

由图 4-21 可知，试件在荷载加载初期，铰缝中心左右挠度变化均较小，二者变化相互协调。当荷载分别在 130kN 时，铰缝中心两侧的挠度均突然变大，比变化前均增加了 1.66 倍，此时构件均已开裂，筋应力急剧变化相对应。同时可以看出加载端的挠度要大于非加载端，说明力从加载端向非加载端传递，铰缝混凝土与梁段间结合面粘结失效，挠度随荷载增大而增大。

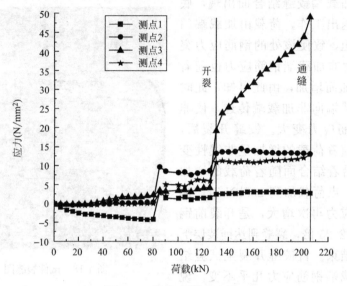

图 4-20 荷载-钢筋应力图

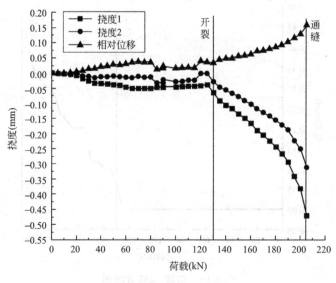

图 4-21 荷载-挠度图

综上可知，铰缝破坏过程为：

第一阶段，构件整体处于弹性工作阶段。空心板和铰缝接触良好，能正常传递荷载，铰缝、两侧配筋梁和铺装层协同工作，卸载后挠度能恢复。

第二阶段，铰缝开裂阶段。荷载达到开裂荷载，构件在剪力作用下开裂，裂缝沿着左侧配筋梁与铰缝接触面发展，从底部迅速延伸到顶部，铰缝受损继续工作。裂缝产生后，铰缝传递荷载能力明显减弱，构件协调工作能力明显下降。随着荷载继续增大，裂缝明显变大，构件顶部混凝土被压碎，底部拉应力主要由抗剪钢筋承担。

第三阶段，铺装开裂阶段。荷载达到通缝荷载，裂缝延伸到铺装层，铰缝剪切失效，传递荷载能力基本丧失退出工作。构件开始不均匀变形进入破坏阶段。铰缝破坏使左右配筋梁承受的荷载受力明显增加，若不及时加固处理，则构件容易破坏。

4. 小结

荷载初期，铰缝结构处于弹性阶段，铰缝、配筋梁、铺装层三者共同工作。铰缝受损后，上部结构的混凝土、交叉钢筋和抗剪钢筋仍能继续工作传递荷载。随着荷载增大进入破坏过程，铺装层，铰缝交叉钢筋进行荷载传递。荷载-钢筋应力分析表明铰缝在开裂之前主要由界面混凝土粘结力抵抗荷载，开裂后由铰缝门式钢筋传力。

本试验采用静力加载，而桥梁实际情况下循环动荷载，应力应变的受力分布规律与静载情况下分析结果是否一致有待进一步商榷。

4.3.3 铁尾矿砂再生混凝土与钢筋粘结试验

1. 试验背景与意义

随着基本建设日益发展的需要，混凝土需求量巨大，砂石骨料用量巨大，然而天然砂石资源逐步减少，对天然骨料的超量开采已对环境造成了严重破坏，见图 4-22，国务院和各地政府相继出台了禁采或限采天然砂的规定，2019 年 9 月 22 日水利部发布了"水河湖〔2019〕58 号"通知《水利部关于河道采砂管理工作的指导意见》，通知要求全国各地要保持对非法采砂高压严打态势，严格许可审批管理，加强事中事后监管。

随着我国工程建设的高速发展，既有建筑、道路、桥梁和水工建筑物的拆除、维修和加固产生的废旧混凝土等废弃物越来越多，见图 4-23。近几年，我国每年建筑垃圾的排放总量在 15.5 亿～24.0 亿吨之间，占城市垃圾的比例约为 40%，造成了严重的生态危机。长期以来，因缺乏统一完善的建筑垃圾管理办法，缺乏科学有效、经济可行的处置技术，建筑垃圾绝大部分未经任何处理，便被运往市郊露天堆放或简易填埋，存量建筑垃圾已达到 200 多亿吨。2017 年我国产生的建筑垃圾约为 23.79 亿吨，但其中进行资源化利用的仅有 1.19 万吨，到 2020 年建筑垃圾已达 26 亿吨。如遇严重地震灾害，则产生量更多，仅 2008 年汶川大地震一次产生的垃圾就高达 3 亿吨。建筑垃圾简单堆放既造成巨大浪费，也埋下了污染和安全隐患。

图 4-22　某采石场山体破坏照片　　图 4-23　河南省郑州市某拆迁现场垃圾照片

我国现有 8000 多个国营矿山和 11 万多个乡镇集体矿山，堆存的尾矿量约为 50 亿吨，年排出的尾矿量高达 5 亿吨，其中铁矿山年排放量达 1.5 亿吨，占入选铁矿石量的 60％左右。铁尾矿的综合治理和开发利用是社会面临的重大课题，近年来尾矿作为二次资源已受到世界各国的重视，如日本、德国、瑞典的铁尾矿基本得到全部利用；苏联、美国、加拿大等国都很重视铁尾矿的开发利用。我国在铁尾矿开发利用方面也取得了一些进展和成果，但形成规模很小，利用率也很低，不能从根本上解决尾矿压占土地、破坏和影响环境的问题。

国内外铁尾矿砂混凝土、再生混凝土、铁尾矿砂再生混凝土的力学性能的研究较为充分，再生混凝土的粘结研究较多，铁尾矿砂混凝土的粘结研究较少，铁尾矿砂混凝土搭接、铁尾矿砂再生混凝土粘结至今未见报道。要做到实际工程中大量应用再生骨料和铁尾矿砂，必须保证铁尾矿砂再生混凝土搭接可行。力学性能是搭接性能的基础，依据现有对铁尾矿砂再生混凝土的力学性能的研究，其力学性能可行，但是铁尾矿砂再生混凝土粘结和搭接方面的报道较少，所以有必要进行这方面的研究。

2. 试验设计

设计制作了 11 组钢筋粘接试件，每组 3 个试件，用于拉拔试验，未粘结部分被包裹在聚氯乙烯（PVC）管中。粘结试件尺寸为 150mm × 150mm × 150mm，粘结区的长度均取 5 倍钢筋直径。钢筋放置在试件截面中心位置，粘结区设置在试件的中部，试件的加载端和自由端均保留长度为 35mm 的非粘结区段，试件尺寸及配筋构造见图 4-24（a）。试验的主要变化参数为再生骨料取代率（0％、30％、50％、100％）、混凝土强度（30MPa、45MPa、60MPa）、配箍率

（0，0.21%，0.42%，0.84%）。

采用钢筋开槽内贴应变片的方法布置钢筋应变片，应变片的间距为 d，钢筋应变片的位置见图 4-24（b）。

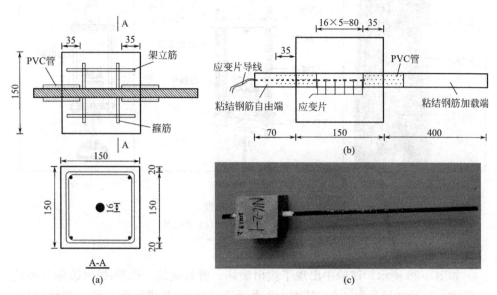

图 4-24 试件详图（单位：mm）
(a) 试件尺寸及配筋构造；(b) 应变片位置图；(c) 试块实物图

每种配合比浇筑六个 100mm×100mm×100mm 立方体试件，用于检测抗压强度 f_{cu}、劈裂抗拉强度 f_{st}。试件在相对湿度为 95%、温度为 20℃ 的养护室内养护 28d。

试验加载装置示意图见图 4-25，在试件的加载端和自由端分别安装两个位移传感器，分别用于量测加载端和自由端钢筋相对于试件的滑移量。粘结试验采用位移控制的方式在 100t 万能试验机进行加载，加载速率为 0.3mm/min，使用 DH3818Y 静态信号采集分析系统进行数据采集。

3. 试验现象及结果

假定钢筋与铁尾矿再生骨料混凝土（ITRAC）粘结应力沿粘结长度均匀分布，采用式（4-15）计算粘结强度。

$$\tau_u = \frac{F_{max}}{\pi dL} \tag{4-15}$$

式中 τ_u——平均极限粘结强度（MPa）；

F_{max}——荷载（kN）；

d——钢筋直径（mm）；

L——锚固长度（mm）。

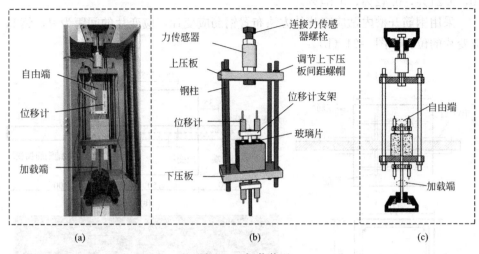

图 4-25 加载装置

(a) 实物图；(b) 三维图；(c) 平面图

（1）破坏模式

如图 4-26 所示，试验中出现了拔出破坏、劈裂破坏、劈裂-拔出破坏三种破坏模式。试验结果见表 4-2，其中 NS 表示天然砂，SF 表示钢纤维。劈裂破坏：当荷载达到极限荷载时，随着"嘭"的一声巨响，试件沿着钢筋出现贯通试件的裂缝，试件被劈成多块，同时荷载降至小于 1kN。拔出破坏：钢筋被拔出且加载过程中试件表面始终没有出现肉眼可见裂缝。劈裂-拔出破坏：加载过程中，达到极限荷载时，随着"嘭"的一声轻响，加载端钢筋附近的混凝土开始出现第一批裂缝（一条或者多条），继续加载，力开始缓慢下降，裂缝不断延伸发展，当钢筋被拔出一个肋间距时，荷载不再下降并保持稳定，继续加载一段时间，使自由端和加载端位移均达到 20mm 左右，试验结束，直到试验结束其并未发展为从加载端沿侧面贯通至自由端的裂缝。试验结束条件：①荷载突然降低且降至小于 1kN；②钢筋自由端和加载端被拔出的位移均超过 20mm。满足①或②的任一条件，即可判定试验结束（注：出现裂缝不是试验结束条件）。

结果表明：随着箍筋的加入，试块不再出现劈裂破坏，虽然可能会出现劈裂-拔出破坏，但这种破坏模式对整体的承载力影响不大且随着配箍率的增大，裂缝宽度也在减小，也可发现，铁尾矿砂使试件的脆性变大，更易发生劈裂破坏，加入钢纤维后，可以改善这个缺陷。

（2）粘结滑移曲线

每组试件粘结应力-滑移曲线见图 4-27。由图 4-27 可以看出，劈裂破坏只有上升段，劈裂-拔出破坏和拔出破坏分为上升段、下降段和残余段。

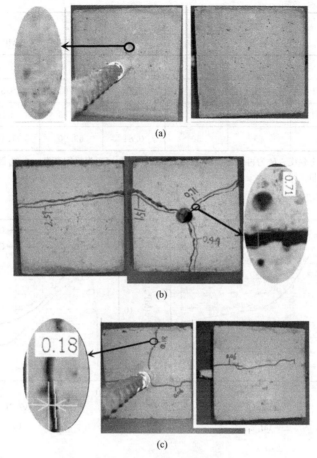

图 4-26 破坏模式照片

（a）拔出破坏；（b）劈裂破坏；（c）劈裂-拔出破坏

粘结试件试验结果汇总　　　　　　　　　　　　　　　表 4-2

试件编号	C (MPa)	R (%)	P (%)	F_u (MPa)	τ_u (MPa)	破坏模式
C45-R0-P0	45	0	0	82.19	20.45	PL
C45-R0-P0-NS	45	0	0	66.71	16.61	BC
C45-R0-P0-SF	45	0	0	94.01	23.39	BC
C45-R30-P0	45	30	0	73.75	18.35	BC
C45-R50-P0	45	50	0	82.63	20.59	BC
C45-R100-P0	45	100	0	70.81	17.62	BC
C30-R50-P0	30	50	0	55.33	13.76	BC

续表

试件编号	C (MPa)	R (%)	P (%)	F_u (MPa)	τ_u (MPa)	破坏模式
C60-R50-P0	60	50	0	104.47	25.98	BC
C45-R50-P0.21	45	50	0.21	67.64	16.83	PB
C45-R50-P0.42	45	50	0.42	73.63	18.31	BC
C45-R50-P0.84	45	50	0.84	69.00	17.16	BC

注：C 为混凝土强度；R 为再生骨料取代率；P 为配箍率；F_u 为极限荷载；τ_u 为极限粘结强度及相应的滑移量。

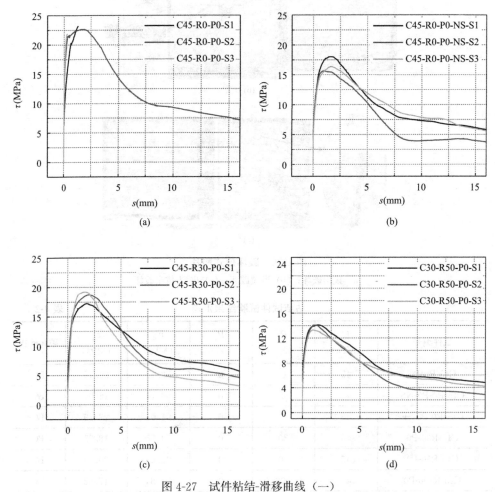

图 4-27　试件粘结-滑移曲线（一）

(a) C45-R0-P0；(b) C45-R0-P0-NS；(c) C45-R30-P0；(d) C30-R50-P0

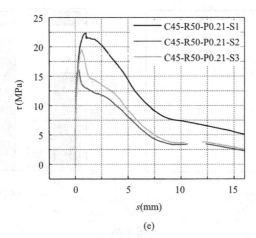

图 4-27　试件粘结-滑移曲线（二）

(e) C45-R50-P0.21

上升段：$0 < s \leqslant 0.01$mm，力和位移缓慢增加，力达到一定值（20kN 左右），此阶段是化学胶结力起作用；0.01mm$< s \leqslant s_u$，斜率逐渐减小，位移增加速度变快，力增加速度变缓，力达到峰值荷载，此阶段是机械咬合力起作用。下降段：$s_u < s \leqslant s_r$，力迅速下降，位移迅速增大，此阶段是残余机械咬合力和摩擦力共同作用。残余段：$s > s_r$，粘结应力-滑移曲线呈平稳变化，荷载基本保持不变，进入残余段，此阶段只有摩擦力起作用。对于铁尾矿砂（C45-R0-P0）混凝土试件，荷载达到峰值后发生劈裂破坏，表明其具有明显的脆性特征；而对于铁尾矿砂再生混凝土试件，荷载达到峰值后开始下降，下降到一定值后，保持稳定，直到试验结束，发生拔出破坏或劈裂-拔出破坏。

（3）ITRAC 中带肋钢筋粘结性能影响因素分析

1）铁尾矿砂与钢纤维的影响

相同条件下，细骨料与 SF 对粘结强度-滑移曲线的影响如图 4-28 所示。由图 4-28 可知，与 C45-R0-P0-NS 相比，铁尾矿砂混凝土试件（C45-R0-P0）发生劈裂破坏，极限粘结强度提高了 23.12%，钢纤维铁尾矿砂混凝土试件（C45-R0-P0-SF）破坏模式为拔出破坏，极限粘结强度和残余粘结强度分别提高了 40.82% 和 129.10%。

由图 4-28 可知，加入 1% 掺量的钢纤维后，混凝土劈裂抗拉强度和抗压强度分别提高 78.73% 和 4.51%，极限粘结强度提高 14.38%，残余粘结强度提高 129.10%。加入钢纤维可以防止粘结试样瞬间裂解，延缓混凝土内部开裂，并保持较高的 RAC 承载能力。SF 的桥接作用可以很好地抑制 RAC 中的裂纹发展，使 RAC 试样在试验过程中以韧性形式失效。

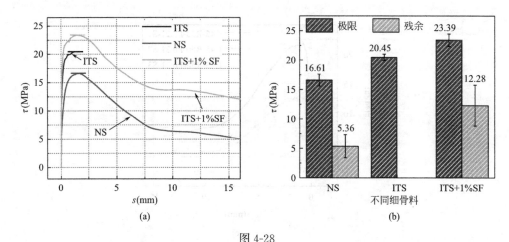

图 4-28
（a）不同细骨料的粘结-滑移曲线；（b）不同细骨料的极限、残余粘结强度

2）再生骨料取代率的影响

不同再生骨料取代率对粘结应力-滑移曲线的影响见图 4-29。与 C45-R0-P0 试件相比，RA 掺量为 30%和 100%时，RAC 的极限粘结强度分别降低 10.27% 和 13.84%，RA 掺量为 50%时，RAC 极限粘结强度提高了 0.68%。与 RA 掺量 为 30%的（C45-R30-P0）试件相比，RA 掺量为 50%和 100%时，残余粘结强度 分别提高了 49.88%和 34.89%。RA 掺量为 50%时 ITRAC 的极限粘结强度与 ITNAC 相差无几，其余掺量则均小于 ITNAC；所以可以认为 ITRAC 的极限粘 结强度普遍低于 ITNAC，这是由于再生粗骨料内部存在原始界面过渡区，表面 存在大量微裂缝，这使得再生粗骨料力学性能较弱，进而使得 RAC 的粘结强度

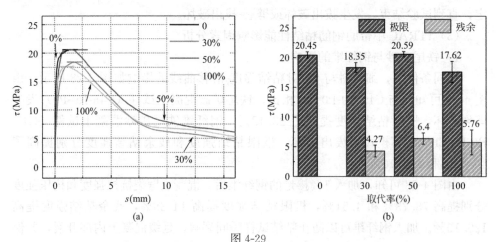

图 4-29
（a）不同再生骨料取代率的粘结-滑移曲线；（b）不同再生骨料取代率的极限、残余粘结强度

偏低。在铁尾矿砂和再生骨料的复合作用下，ITRAC 试件粘结强度高于天然骨料混凝土：与 C45-R0-P0-NS 试件相比，RA 掺量为 30%、50%和 100%时，极限粘结强度分别提高了 10.48%、23.96%和 6.08%，掺量为 30%时，残余粘结强度降低了 20.34%，掺量为 50%和 100%时，残余粘结强度分别提高了19.40%和 7.46%。

3）混凝土强度的影响

不同混凝土强度粘结强度-滑移曲线如图 4-30 所示，不同混凝土强度试件均为拔出破坏，随着混凝土强度的增加，极限粘结强度和残余粘结强度均增加。C30、C45、C60 试件极限粘结强度分别为 13.76MPa、20.45MPa、25.98MPa，残余粘结强度分别为 3.97MPa、6.40MPa、16.22MPa，混凝土强度为 C45 和C60 的试件与混凝土强度为 C30 的试件（C30-R50-P0）相比，极限粘结强度分别增加了 48.62%和 88.81%，残余粘结强度分别增加了 61.21%和 308.56%。IT-RAC 试件粘结强度随混凝土强度的增加而增加。

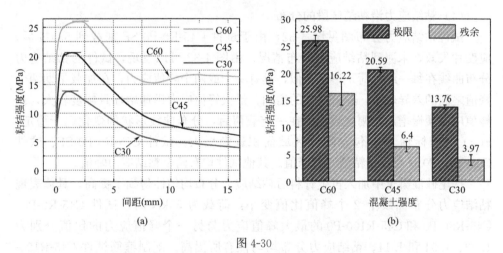

图 4-30

（a）不同混凝土强度试件的粘结强度-滑移曲线；（b）不同混凝土强度试件的粘结强度

4）配箍率的影响

不同配箍率粘结应力-滑移曲线见图 4-31。由图 4-31 可知，配置箍筋后，极限粘结强度均降低，配箍率为 0、0.21%、0.42%、0.84%极限粘结强度分别为20.59MPa、16.83MPa、18.31MPa、17.16MPa。配箍率为 0.21%、0.42%、0.84%的粘结试件与未配置箍筋的试件（C45-R50-P0）相比，极限粘结强度分别降低了 18.26%、11.07%和 16.66%。这可能是因为试件保护层厚度为 67mm，能够提供足够的握裹力，避免试件发生劈裂破坏，配置箍筋后，影响了混凝土拌合物振捣，混凝土试的密实度下降，力学性能降低，导致试件极限粘结强度降低。

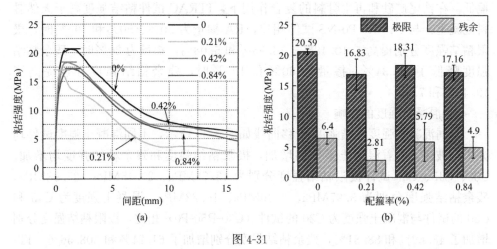

图 4-31

(a) 不同配箍率的粘结-滑移曲线图；(b) 不同配箍率的极限、残余粘结强度

（4）粘结应力沿粘结区段的分布

试件粘结应力分布图见图 4-32，由于试件 C45-R0-P0-SF 加载到 55kN 后，应变片失效，未测到粘结应力分布情况。由图 4-32 可以发现，试件的粘结应力分布曲线在每一级载荷下形状相似，具有一个或两个峰值应力，在加载早期两个峰值之间的差异较小。随着载荷的增加，最大峰值应力迅速增加且幅度较大，次峰值应力缓慢增加，幅度较小。在一定载荷后，分布曲线形状的变化趋于稳定，$\tau(x)$ 与坐标轴 x 所包含闭合区域面积逐渐增大。试件 C45-R0-P0-SF、试件 C60-R50-P0 只有一个粘结应力峰值。其他试件均有两个粘结应力峰值。

铁尾砂混凝土中加入再生骨料后粘结应力分布均匀性得到了提高，具体表现粘结应力分布曲线上 2 个峰值比值变小：荷载为 55kN 时，试件 C45-R0-P0、C45-R50-P0 和 C45-R100-P0 的最大峰值应力与另一个峰值应力的比值分别为1.69、1.54 和 1.11。粘结应力分布均匀性有所提高。配制箍筋试件 C45-R100-P0.42 最大峰值应力与第二峰值应力的比值为 1.42，均匀性也有所提升。再生混凝土强度增加或者加入钢纤维均改善了粘结应力分布情况，试件 C45-R50-P0、C60-R50-P0 和 C45-R50-P0.42 第一峰值粘结应力与平均粘结应力之比分别为：2.28、1.19 和 1.41。

4. 结论

通过对 11 组钢筋与 ITRAC 的粘结试件进行中心拉拔试验，分析了再生骨料取代率、混凝土强度、配箍率等参数对 ITRAC 中钢筋的粘结的影响；利用内贴应变片的方法，对粘结段的粘结应力分布规律进行了研究；主要得到以下结论：

（1）将河砂换为铁尾矿砂后，试件由拔出破坏变为劈裂破坏。

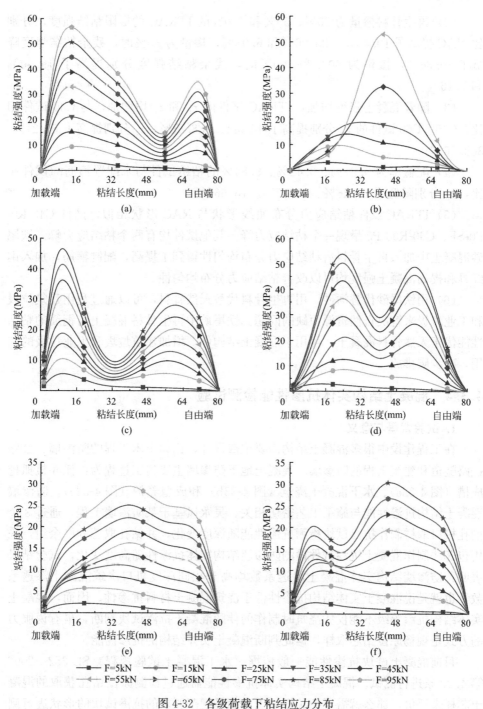

图 4-32　各级荷载下粘结应力分布

(a) C45-R0-P0；(b) C45-R0-P0-SF；(c) C45-R50-P0；(d) C45-R100-P0；
(e) C60-R50-P0；(f) C45-R50-P0.42

（2）再生骨料掺量为 30％、50％和 100％的 ITRAC 的极限粘结强度，分别比 NAC 提高了 10.48％、23.96％和 6.08％，掺量为 30％时，残余粘结强度降低了 20.34％，掺量为 50％和 100％时，残余粘结强度分别提高了 19.40％和 7.46％。

（3）随着混凝土强度增加，ITRAC 试件的 τ_u 和 τ_r 均增加，与 C30 试件相比，C45、C60 试件的 τ_u 分别提高了 48.62％、88.81％，τ_r 分别提高了 61.21％、308.56％；

（4）配箍率为 0.21％、0.42％、0.84％的粘结试件与未配置箍筋的试件相比，τ_u 分别降低了 18.26％、11.07％、16.66％。

（5）ITRAC 试件粘结应力分布曲线形状与 RAC 形状相似，试件 C45-R0-P0-SF、C60-R50-P0 呈现一个粘结应力峰。其他试件均有两个粘结应力峰。铁尾砂混凝土中加入再生骨料后粘结应力分布均匀性得到了提高，配制箍筋，加入钢纤维和提高混凝土强度均可以改善粘结应力分布均匀性。

（6）用铁尾砂代替河砂，用再生骨料代替天然骨料，可以通过利用建筑垃圾和工业垃圾来解决自然资源短缺的问题。铁尾矿中再生骨料混凝土与钢筋的粘结性能优于天然骨料混凝土，可用于混凝土结构件，增加建筑垃圾和工业垃圾的利用，减少碳排放。

4.3.4 混凝土结构实体抗渗性能检测试验

1. 试验背景与意义

在工程建设中很多混凝土结构需要抗渗设计，比如土木工程的防渗墙、公路铁路隧道和建筑工程的防渗墙。混凝土地下防渗墙主要施工过程为：抓斗机抓挖成槽（图 4-33a）、水下混凝土浇筑（图 4-33b）和成型养护（图 4-33c）。防渗墙混凝土结构抗渗性能与施工工艺密切相关。吴永风基于某防渗墙工程，通过 3 个槽孔机口取样制作抗渗试块检测抗渗性能随深度变化，并钻孔取芯 600 余组，采用包芯法制作混凝土抗渗试件检测防渗墙结构实体抗渗性随高度变化，试验结果表明：防渗墙结构实体混凝土渗透系数均高于相同深度机口浇筑混凝土渗透系数，也就是说混凝土实体结构抗渗性低于浇筑混凝土材料抗渗性。因而，混凝土实体结构抗渗等级不能仅凭浇筑时制作的伴随混凝土抗渗试块判断，最有说服力的方式是现场原位钻芯取样，据此判断混凝土实体结构的抗渗性能。

目前混凝土试块抗渗性能一般依据《水工混凝土试验规程》SL 352—2006 第 4.22 条进行测试。混凝土结构实体抗渗性能需通过检测原位钻孔获取的混凝土芯样来评价，那么就需要把芯样加工成满足规范要求的抗渗试块的形状进行测试，这就涉及混凝土芯样的抗渗性能检测。文献调研表明，目前常用的混凝土结构实体抗渗性能检测技术有三种：包芯法、切削法和直接测试法。

(a)　　　　　　　　　　　　　　(b)

(c)

图 4-33　混凝土地下防渗墙主要施工过程
(a) 抓槽；(b) 浇筑水下混凝土；(c) 混凝土防渗墙成型

1）包芯法：在结构实体中钻取芯样，切割磨片后放入抗渗试模中心，芯样与抗渗试模之间的缝隙采用混凝土、砂浆或沥青等材料填充密实。加工成型后的试件见图 4-34，该方法周期长，一般养护龄期 28d 左右，整体检测周期较长，影响工程进度。另外，芯样与灌封料界面属于新旧材料交接面，新旧界面防水性较差，容易造成渗漏。新旧混凝土结合面是粘结力的薄弱界面，虽然可以刨毛或者加界面剂改善新旧混凝土粘结力，但是界面抗渗性仍然是一个薄弱点。另外，防渗墙属于隐蔽工程，检测合格后方可进行后续施工，检测时间不宜过长，如果包芯混凝土养护 28d 后再检测，显然会严重影响工程施工进度。因而，传统包芯法存在新旧界面粘结力薄弱和检测周期过长的问题。

2）切削法：CN 106501049 A 公开的一种新型芯样制作抗渗试件的方法，在混凝土芯样切割后，不再按照传统的方法对芯样使用防渗透材料填充制作二次成型试件，而是直接通过芯样磨削机进行抗渗试样制备。该方法需要专门的切削设备，操作复杂，另外如果切削成现有抗渗仪能够使用的试件，钻取芯样的直径至少为 185mm，而很多防渗墙才 400mm 厚，难以安全地钻取如此大直径的芯样。

另外切削加工会破坏芯样混凝土内部结构，造成检测结果失真。

3）直接测试法：CN 103822864 A 直接在圆柱体芯样侧面涂抹高渗透改性环氧防水涂料，然后放入压板式抗渗仪中实施抗渗试验，在水压力作用下，防水涂料易被撕裂剥离造成侧面漏水而导致试验失败，另外，压板式抗渗仪属于定制设备，不易推广。

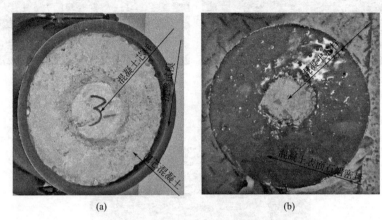

(a)　　　　　　　　　　　　　　(b)

图 4-34　包芯法（项目组试验照片）

(a) 顶面；(b) 底面

现有测试技术对比分析见表 4-3。因而，迫切需要研发一种新的试验方法，以经济、方便快捷和高效地完成芯样混凝土抗渗性能检测试验。

现有测试技术对比 表 4-3

测试方法	抗渗仪	特点
包芯法	普通抗渗仪	新旧混凝土粘结力要求高、测试周期长
切削法	普通抗渗仪	取芯直径大，对结构损伤大，加工有损伤，需要专门加工设备
直接测试法	压板式抗渗仪	侧面密封困难易漏水，需要专门的抗渗仪

2. 试验设计

（1）试验原理

现有的三种试验方法：包芯法、切削法和直接测试法中，包芯法采用的是传统的设备，无需增加新的设备，该方法只需要解决耗时长和新旧混凝土粘结两大问题。现浇构件耗时长可以采用装配式构件来解决，因而本课题组采用装配式包芯法来解决上述难题，即提前预制空心抗渗试件并养护好，待得到芯样后用特制环氧树脂将芯样与抗渗试件胶粘起来，装配成一个完整的抗渗试件，解决了耗时问题。用环氧树脂粘接新旧混凝土使得新旧混凝土界面变为了旧混凝土与胶粘接，然后胶再与新混凝土连接，进而克服了新旧混凝土粘结的难题，最终形成了一种经济、方便快捷和高效的芯样混凝土抗渗性能检测方法。

（2）装配式包芯法试验步骤

1）空心抗渗试件预制与养护

在抗渗试模中心位置放置PVC管，管的直径比芯样直径大10～20mm为宜，在PVC管与试模形成的孔隙内浇筑细石混凝土，混凝土强度等级不低于C20普通混凝土为宜，不要求抗渗等级，具体流程见图4-35。

  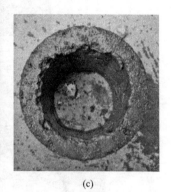

(a)　　　　　　　　　　(b)　　　　　　　　　　(c)

图4-35　空心抗渗试件制备过程

(a) 放置PVC管；(b) 浇筑混凝土；(c) 拆模养护

2）钻取芯样与抗渗芯样制备

在施工现场采用汽车钻，钻取地下防渗墙混凝土芯样，然后在试验室切割成150mm高的芯样并晾干，见图4-36。

3）装配形成标准抗渗试件

将芯样装入空心抗渗试件，然后注入环氧胶粘接形成标准抗渗试件，见图4-37。

(a)　　　　　　　　　　　　　　(b)

图4-36　混凝土结构实体芯样钻取与加工（一）

(a) 钻取芯样；(b) 芯样晾干

(c)

图 4-36　混凝土结构实体芯样钻取与加工（二）

（c）芯样加工后晾干

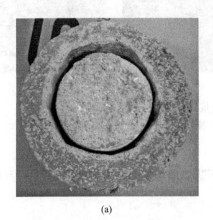 

| (a) | (b) |

图 4-37　芯样与空心抗渗试件装配组合形成完整的标准抗渗试件

（a）芯样装入空心抗渗试件；（b）注入环氧胶粘接形成标准抗渗试件

4）抗渗性能试验

采用普通抗渗仪进行抗渗试验，见图 4-38。

3. 试验结果与分析

本试验重点是检验装配式包芯法的可行性与可靠性。为了对比，也进行了传统包芯法试验，区别于装配式包芯法，这里称传统包芯法为现浇包芯法。两种方法所用芯样及芯样外围混凝土类型均相同。

（1）现浇包芯法试验

将所得芯样居中放置于抗渗试模中（图 4-39a），然后浇筑包芯混凝土（图 4-39b），芯样混凝土为 C20W8，试验时龄期 32d，包芯混凝土为 C40 普通混凝土，试验时龄期为 7d，为了防止包芯混凝土先于芯样混凝土抗渗失效，用石蜡对抗渗试件底部包芯混凝土进行了密封处理。但是试验结果仍不尽如人意，当达到目标水压 0.9MPa 时，见图 4-40，一组 6 个试件中有 5 个试件的包芯混凝土与芯样

图 4-38　采用普通抗渗仪进行抗渗性能检测

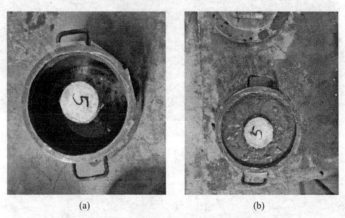

(a)　　　　　　　　　　　(b)

图 4-39　现浇包芯法主要试验过程

(a) 芯样居中放入抗渗钢试模中；(b) 浇筑混凝土

图 4-40　包芯法试件 0.9MPa 时顶面状态照片

混凝土界面发生渗漏，导致试验失败。如图 4-41（a）所示，试件被劈开后发现包芯混凝土渗水高度大于芯样混凝土，且界面渗水高度明显高于包芯混凝土和芯样混凝土，这说明包芯混凝土抗渗性能低于芯样混凝土，底面石蜡密封也不能阻挡包芯混凝土承受水压，另外新旧界面粘结力弱，抗渗性能最差，导致试验失败。值得注意的是，如图 4-41（b）所示包芯混凝土中水也会从芯样侧面渗入芯样，从而使得芯样试验条件不满足规范要求。实践证明，包芯法新旧界面粘结力弱、抗渗性能最差，包芯混凝土抗渗性必须高于芯样混凝土，但短时间内包芯混凝土抗渗性能要高于芯样混凝土，常规方法较难实现。

(a)

(b)

图 4-41　部分试件劈开照片
(a) 1 号试件；(b) 4 号试件

（2）装配包芯法试验

按照前述方法利用装配包芯法检测抗渗性能，效果良好，未发现结合面渗漏，也未发现空心板抗渗试件混凝土渗漏。两种方法试验后劈开试件对比见图 4-42，可以看到装配式包芯法试件中水仅能通过芯样混凝土 1 向上流动，无其他渗水路径，而现浇包芯法试件中新旧混凝土界面 5、包芯材料 4 均能渗水，4 内的水也可透过 5 向芯样 1 内渗透，水的渗透路径不唯一，影响因素复杂，极易导致试验失败，这正是图 4-40 中 83％的试件发生了界面和包芯材料渗漏的原因。

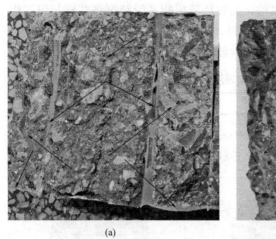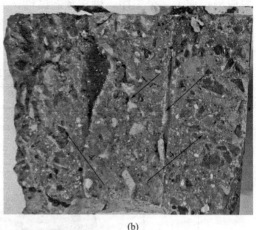

(a)　　　　　　　　　　　　　　　(b)

图 4-42　装配式包芯法与现浇包芯法试件劈开对比图

（a）装配包芯法；（b）现浇包芯法

从已经实施的 8 组试验来看，芯样与包芯混凝土界面 3 已无漏水，但是存在如图 4-43 所示水沿胶体与 1 界面向上渗透的情况。这到底是芯样混凝土取芯时钻头对芯样周边混凝土有损伤所致？还是界面粘结力与抗渗能力不足所致？是否影响检测结果评价？尚需进一步研究。

(a)　　　　　　　　　　　　　(b)

图 4-43　装配式包芯法试件中芯样混凝土与环氧树脂界面渗水照片

（a）试件顶面；（b）劈开剖面

（3）新型装配式包芯法与传统包芯法对比分析

经过上述试验，创新性地提出了一种新型检测方法，其主要技术参数见表 4-4，可以看到装配包芯法与现浇包芯法基本原理相同，前者的创新之处在于把包芯材料成型提前了一个工序，做成预制试件，通过环氧树脂系胶结剂将芯样与包芯构件粘接形成一个完整的混凝土抗渗标准试件，解决包芯材料养护时间长的问题，胶粘剂也解决了新旧材料界面粘结与抗渗性能差的问题。

新型装配式包芯法与现浇包芯法区别 表 4-4

方案		新型装配包芯法	现浇包芯法
抗渗仪		普通抗渗仪	普通抗渗仪
包芯材料		强度不低于 C15 的普通混凝土或者砂浆	抗渗等级和强度均高于芯样混凝土的混凝土、砂浆等
试件形状与构成（单位：mm）	顶面	1—混凝土芯样；2—预制包芯套；3—环氧树脂粘接层	1—混凝土芯样；4—现浇包芯混凝土；5—界面层
	底面		
	剖面		
检测方法	试件制作	提前预制 2 养护 28d，现场钻取 1，用 3 将 1 和 2 粘接起来	现场钻取 1，将 1 放入抗渗试件试模中央，浇筑包芯材料 4，1 和 4 之间形成界面 5
	养护	放置 1 天后实施检测	一般需要标准养护 28d 后实施检测
技术要求		2 的强度不低于 C15，抗渗性无要求	4 的强度和抗渗性要高于 1

4. 小结

该试验把装配式建筑的思想借用到实体混凝土抗渗检测中，基于传统现浇包芯法提出了装配包芯法实体混凝土抗渗性能检测方法。该方法已获得了国家实用新型专利（ZL202022643147.6），同时也获得了河南省2021年度大学生创新训练计划项目支持（S202110078054）。该方法可以快捷地实现抗渗检测，但是仍存在以下疑问：

（1）混凝土芯样周边与粘接剂接触界面渗水是否影响结果评定？

（2）芯样直径是否影响抗渗性能评价？

（3）钻孔是否造成了芯样周边混凝土损伤？

（4）取芯检测结果与实体结构抗性性能的对应关系？

上述疑问，目前尚未有文献回答，而该方法是否能够得到工程界的认可，成为一种标准检测方法推向工程实际，必须回答这些疑问，消除大家的疑虑，才能更好地为工程质量检测服务，故十分有必要开展后续试验研究工作。

第5章

"挑战杯"竞赛

　　"挑战杯"全国大学生系列科技学术竞赛，简称"挑战杯"，是由共青团中央、中国科协、教育部和全国学联共同主办的全国性的大学生课外学术实践竞赛。"挑战杯"竞赛在中国共有两个并列项目，一个是"挑战杯"中国大学生创业计划竞赛，另一个则是"挑战杯"全国大学生课外学术科技作品竞赛。这两个项目的全国竞赛交叉轮流开展，每个项目每两年举办一届。自1989年举办首届竞赛以来，"挑战杯"竞赛始终秉承着"崇尚科学、追求真知、勤奋学习、锐意创新、迎接挑战"的宗旨，在促进青年创新型人才成长、推动社会发展等方面产生积极的影响，因此被誉为中国大学生科技创新创业的"奥林匹克"盛会。

　　"挑战杯"竞赛两个并列项目的侧重点不同。"挑战杯"全国大学生课外学术科技作品竞赛旨在培养学生创新意识、创新思维以及提高学生的科研素养，也被称为"大挑"，"大挑"注重学生的科技创新能力以及学术科技发明创造带来的意义。"挑战杯"中国大学生创业计划竞赛旨在培养学生创新创业意识和实践能力，也称之为"小挑"，"小挑"由于注重技术与市场的结合，商业性更强，对于培养学生的创新创业精神更为重要。"小挑"起源于美国，1999年开始，清华大学承办了首届"小挑"，拉开了该赛事在我国的序幕，目的是推动大学生创新成果转化。面对新时代、新形势，实践才是培养创新能力的摇篮，大学生在参加"小挑"竞赛的过程中，能够融会贯通，利用各种途径和渠道把所学的专业知识应用到实践中。"小挑"以实践性的模式带动学生走出课堂，了解所学专业知识在社会发展中的进程，将"产学研"融合在一起，将科技创新成果转化为社会价值。由于"挑战杯"竞赛以培养大学生的创新能力为核心，开展过程与创新型人才培养的内容紧密衔接，因此"挑战杯"竞赛已经成为全国最具代表性、权威性、示范性和导向性的大学生竞赛，同时也是大学生创新型人才交流与切磋的实践平台。

　　"挑战杯"全国大学生课外学术科技作品竞赛（以下简称"'挑战杯'竞赛"）被誉为当代大学生科技创新的"奥林匹克"盛会，三十年的办赛历程推进了创新型人才培养的教育改革，逐渐探索出了一种以科技竞赛牵引创新拔尖人才培养和全面综合素质教育的"挑战杯"模式。越来越多从"挑战杯"竞赛中走出的青年学子，成为实现中华民族伟大复兴、不断开拓进取、奋发有为的创新力量。围绕科教兴国战略，引导和推动大学生将存在于试验室中的各种模型技术，转化成大学生自主创新的科技作品，再进一步演化成驱动经济发展、实现科技强国的创新成果，这是"挑战杯"竞赛从作品孵化到成果转化的运行逻辑。如今，"挑战杯"竞赛已成为我国科技含量最高、覆盖面最广的创新创业"青训营"，每年有上千创新型企业从这里起步，走向市场，不断为国民经济发展注入新鲜血液。回顾三十年的竞赛发展历程，厘清新时代竞赛面临的挑战，探索竞赛未来发展的思路，使得"挑战杯"竞赛更好地服务于国家创新驱动发展战略实施、服务于高等教育立德树人根本任务落实和创新人才培养、服务于高校共青团思想政治引领主责主业，具有重要理论意义和现实价值。

调查研究表明，参加"大挑"竞赛的学生，其创新性得到了较好的训练，这是因为学生在比赛的过程当中，从前期准备到选题，再到后期的科研工作，需要搜集相关科学知识和信息，需要整理相关科研素材，需要动手试验并总结经验，需要项目成员团结合作，此过程不仅锻炼了学生发现问题和解决问题的能力，而且有效地提升了他们的科学探究能力和沟通协调能力，拓宽了学生的知识面。

"挑战杯"竞赛的主要任务

（1）以赛促教，探索人才培养新途径。全面推进高校课程思政建设，深化创新创业教育改革，引领各类学校人才培养范式深刻变革，建构素质教育发展新格局，形成新的人才培养质量观和质量标准，切实培养学生的创新精神、创业意识和创新创业能力。

（2）以赛促学，培养创新创业生力军。服务构建新发展格局和高水平自立自强，激发学生的创造力，激励广大青年扎根中国大地，了解国情民情，在创新创业中增长智慧才干，坚定执着追理想，实事求是闯新路，把激昂的青春梦融入伟大的中国梦，努力成长为德才兼备的有为人才。

（3）以赛促创，搭建产教融合新平台。把教育融入经济社会产业发展，推动互联网、大数据、人工智能等领域成果转化和产学研用融合，促进教育链、人才链、产业链、创新链有机衔接，以创新引领创业、以创业带动就业，努力形成高校毕业生高质量创业就业新局面。

5.1 "挑战杯"全国大学生课外学术科技作品竞赛

5.1.1 竞赛的宗旨、目的、基本方式

竞赛的宗旨：崇尚科学、追求真知、勤奋学习、锐意创新、迎接挑战。

竞赛的目的：引导和激励高校学生实事求是、刻苦钻研、勇于创新、多出成果、提高素质，培养学生创新精神和实践能力，并在此基础上促进高校学生课外

学术科技活动的蓬勃开展，发现和培养一批在学术科技上有作为、有潜力的优秀人才。

竞赛的基本方式：高等学校在校学生可申报自然科学类学术论文、哲学社会科学类社会调查报告和学术论文、科技发明制作三类作品参赛；聘请专家评定出具有较高学术理论水平、实际应用价值和创新意义的优秀作品，给予奖励；组织学术交流和科技成果的展览、转让活动。

5.1.2　参赛资格与作品申报

参赛资格：凡在举办竞赛终审决赛的当年7月1日以前正式注册的全日制非成人教育的各类高等院校在校中国籍专科生、本科生、硕士研究生和博士研究生（均不含在职研究生）都可申报作品参赛。

作品申报：申报参赛的作品必须是距竞赛终审决赛当年7月1日前两年内完成的学生课外学术科技或社会实践活动成果，可分为个人作品和集体作品。申报个人作品的，申报者必须承担申报作品60%以上的研究工作，作品鉴定证书、专利证书及发表的有关作品上的署名均应为第一作者，合作者必须是学生且不得超过两人；凡作者超过三人的项目或者不超过三人，但无法区分第一作者的项目，均须申报集体作品。集体作品的作者必须均为学生。凡有合作者的个人作品或集体作品，均按学历最高的作者划分至本专科生、硕士研究生或博士研究生类进行评审。毕业设计和课程设计（论文）、学年论文和学位论文、国际竞赛中获奖的作品、获国家级奖励成果（含本竞赛主办单位参与举办的其他全国性竞赛的获奖作品）等均不在申报范围之列。

申报参赛的作品分为自然科学类学术论文、哲学社会科学类社会调查报告和学术论文、科技发明制作三大类。自然科学类学术论文作者限本专科生。哲学社会科学类社会调查报告和学术论文限定在哲学、经济、社会、法律、教育、管理六个学科内。科技发明制作类分为a、b两类：a类指科技含量较高、制作投入较大的作品；b类指投入较少，且为生产技术或社会生活带来便利的小发明、小制作等。

5.1.3　奖项介绍

全国评审委员会对各省级组织协调委员会和发起高校报送的参赛作品进行预审，评出80%左右的参赛作品进入终审决赛。参赛的自然科学类学术论文、哲学社会科学类社会调查报告和学术论文、科技发明制作三类作品各设特等奖、一等奖、二等奖、三等奖。各等次奖分别约占进入终审决赛各类作品总数的3%、8%、24%和65%。本专科生、硕士研究生、博士研究生三个学历层次作者的作品获奖数与其进入终审决赛作品数呈正比例。科技发明制作类中a类和b类作品分别按上述比例设奖。

5.1.4　时间节点

每届时间节点都会有所变动，以下时间仅供参考。

1. 各高校组织申报阶段（3 月-4 月）

校级竞赛一般启动较早，在前一年就会挑选有潜力的项目进行培育，然后在当年 3 月-4 月举办校赛，筛选参加省赛项目。

2. 省级初评和组织申报阶段（5 月-6 月）

各校按"挑战杯"章程有关规定举办本校的竞赛活动，并择优推出本校参赛作品。5 月-6 月，各省（区、市）组织协调委员会完成对本地申报作品的初评。

3. 全国复赛和参赛准备阶段（7 月-10 月）

全国评审委员会制定《评审实施细则》，向各地各有关高校下达终审参展通知及作品展览、演示等有关技术性规范要求。各地各校按照组委会要求，于 9 月-10 月做好参评参展的各项物资技术准备和组团组队准备。

5.2　"挑战杯"中国大学生创业计划竞赛

5.2.1　竞赛的宗旨、目的、基本方式

竞赛的宗旨：培养创新意识、启迪创意思维、提升创造能力、造就创业人才。

竞赛的目的：深入学习贯彻习近平新时代中国特色社会主义思想，聚焦为党育人功能，从实践教育角度出发，引导和激励学生弘扬时代精神，把握时代脉搏，通过开展广泛的社会实践、深刻的社会观察，不断增强对国情社情的了解，将所学知识与经济社会发展紧密结合，提高创新、创意、创造、创业的意识和能力，提升社会化能力，为决胜全面建成小康社会、建设社会主义现代化强国、实现中华民族伟大复兴的中国梦贡献青春力量。

竞赛的基本方式：大赛分校级初赛、省级复赛、全国决赛。校级初赛由各校组织，广泛发动学生参与，遴选参加省级复赛项目。省级复赛由各省（自治区、直辖市）组织，遴选参加全国决赛项目。全国决赛由全国组委会聘请专家根据项目社会价值、实践过程、创新意义、发展前景和团队协作等综合评定金奖、银奖、铜奖等项目。大赛期间组织参赛项目参与交流展示活动。

5.2.2　参赛资格

普通高校学生：在举办大赛决赛的当年的 6 月 1 日以前正式注册的全日制非

成人教育的各类普通高等学校在校专科生、本科生、硕士研究生（不含在职研究生）可参加。硕博连读生、直接攻读博士生若在举办大赛决赛的当年 6 月 1 日前未通过博士资格考试的，可以按硕士研究生学历申报作品；没有实行资格考试制度的学校，前两年可以按硕士研究生学历申报作品；本硕博连读生，按照四年、二年分别对应本、硕申报。博士研究生仅可作为项目团队成员参赛（不作项目负责人）且人数不超过团队成员数量的 30%。

职业院校学生：在举办大赛决赛的当年 6 月 1 日以前正式注册的全日制职业教育本科、高职高专和中职中专在校学生。

5.2.3　参赛基本要求

参赛项目应有较高立意，积极践行社会主义核心价值观。应符合国家相关法律法规规定、政策导向。应为参赛团队真实项目，不得侵犯他人知识产权，不得借用他人项目参赛；存在剽窃、盗用、提供虚假材料或违反相关法律法规的，一经发现将取消参赛相关权利并自负一切法律责任。已获往届"挑战杯"中国大学生创业计划竞赛、"创青春"全国大学生创业大赛、"挑战杯——彩虹人生"全国职业学校创新创效创业大赛全国金奖（特等奖）、银奖（一等奖）的项目不可重复报名。

5.2.4　参赛项目申报

按普通高校和职业院校分类申报。聚焦创新、协调、绿色、开放、共享的新发展理念，设五个组别：

1. 科技创新和未来产业：突出科技创新，在人工智能、网络信息、生命科学、新材料、新能源等领域，结合实践观察设计项目。

2. 乡村振兴和脱贫攻坚：围绕实施乡村振兴战略和打赢脱贫攻坚战，在农林牧渔、电子商务、旅游休闲等领域，结合实践观察设计项目。

3. 城市治理和社会服务：围绕国家治理体系和治理能力现代化建设，在政务服务、消费生活、医疗服务、教育培训、交通物流、金融服务等领域，结合实践观察设计项目。

4. 生态环保和可持续发展：围绕可持续发展战略，在环境治理、可持续资源开发、生态环保、清洁能源应用等领域，结合实践观察设计项目。

5. 文化创意和区域合作：突出共融、共享，紧密围绕"一带一路"和"京津冀""长三角""粤港澳大湾区""成渝经济圈"等经济合作带建设，在工艺与设计、动漫广告、体育竞技和国际文化传播、对外交流培训、对外经贸等领域，结合实践观察设计项目。

5.2.5 奖项介绍

全国评审委员会对各省(区、市)报送的参赛作品进行复审,评出参赛作品总数的 90% 左右进入决赛。竞赛决赛设金奖、银奖、铜奖,各等次奖分别约占进入决赛作品总数的 10%、20% 和 70%;各组参赛作品获奖比例原则上相同。全国评审委员会将在复赛、决赛阶段,针对已创业(甲类)与未创业(乙类)两类作品实行相同的评审规则;计算总分时,将视已创业作品的实际运营情况,在其实得总分基础上给予 1%~5% 的加分。专项赛事单独设置奖项参加全国终审决赛的作品,确认资格有效的,由全国组织委员会向作者颁发证书,并视情况给予奖励。参加各省(区、市)预赛的作品,确认资格有效而又未进入全国竞赛的,由各省(区、市)组织协调委员会向作者颁发证书。竞赛设 20 个左右的省级优秀组织奖和进入决赛高校数 30% 左右的高校优秀组织奖,奖励在竞赛组织工作中表现突出的省份和高校。优秀组织奖的评选主要依据为网络报备作品的数量和进入决赛作品的质量。省级优秀组织奖由主办单位评定,报全国组织委员会确认。高校优秀组织奖由各省(区、市)组织委员会提名,主办单位评定后报全国组织委员会确认。在符合"挑战杯"中国大学生创业计划竞赛章程有关规定的前提下,全国组织委员会可联合社会有关方面设立、评选专项奖。

5.3 案例分析

5.3.1 创业案例

该项目获 2022 年"挑战杯"河南省大学生创业计划竞赛特等奖。项目名称:易安科技——中小跨径桥梁局部快速损伤定位的开拓者;参赛学生:张敏、潘岩、李欣宴、杨亚茹、李歆瑶、杜英杰、韦帅强、王梦圆、韩思思、张燕娇;指导老师:陈记豪、宋智睿。

1. 执行概述

(1)项目背景

桥梁被誉为"人间彩虹",是人类历史文明发展的产物,桥梁的出现使得人类走出狭窄的生活圈,进行物质交换与文化交流,世界文明得以蓬勃发展。改革开放以来,桥梁在国民经济的发展中扮演着重要角色,为构建我国综合立体交通网络做出重大贡献。目前,我国已有超过 90 万座公路桥梁,超过 20 万座铁路桥梁,早在 2011 年我国桥梁数量便已超过美国,成为世界第一桥梁大国,目前跨径排名世界前十的斜拉桥、悬索桥中,我国已"霸占"一半以上的席位,桥梁已然成为我国的一张靓丽名片。但在桥梁建设发展形势大好，大跨径桥梁被追崇的同时，往往忽视了对中小跨径桥梁建设养护的重视。中小跨径桥梁是交通路网建设中必不可少的桥梁种类。如果说，大跨径桥梁是中国桥梁的骨骼，那么中小型桥梁就是血肉。业内多位专家学者在对大跨径桥梁取得成就表示肯定的同时，都提及了对中小型桥梁现状的担忧，中小跨径桥梁事故的频发，同样会造成巨大的财产损失、严重的人员伤亡，给社会经济发展带来严重的影响。

目前中小跨径桥梁损伤识别可分为两大类：直接采用各种检测仪器观测的局部性检测和基于各类结构性能指标的整体性检测。前者直观可靠，但若要全面检测结构损伤，则工作量较大；后者常用结构静力或动力性能指标进行损伤识别，适用于结构损伤的全面检测。目前对于动力识别理论研究较为充分，基于动力性能指标的损伤识别在理论上虽能较为精确地对损伤进行识别，但是要求传感器必须布置在损伤处，因为损伤未知，需要布设的传感器较多，不便于实际应用；而且现阶段试验技术相对落后，测试结构受环境噪声的影响较大，因而基于动力性能指标的损伤识别理论在实际工程中的应用效果仍不尽如人意。基于结构静力性能指标的整体性检测主要针对静力挠度指标和挠度影响线指标开展研究。静态挠度曲线用于损伤识别效果较好，但是其需要获得结构完好时的挠度曲线，而实际结构一般不存在完好状态时的基准挠度曲线数据，仅能通过有限元建模确定理论挠度曲线来弥补这一缺陷，不过有限元建模带有一定的主观性，以上因素限制了基于静力挠度指标的整体性检测在实际工程中的应用。

为了解决静力识别中测点过多不便测量的难题，国内一些研究者依据影响线的原理，将多测点测量转换为固定一个测点，而设多个加载点，求解测点指标的影响线图，然后根据损伤工况与正常工况的影响线差值或影响线差分曲率进行损伤识别，效果较好。

目前市场上针对中小跨径桥梁的损伤识别方法均存在一定的局限性，本项目团队基于挠度差影响线曲率提出的梁式桥局部损伤识别方法，更为经济、高效、精确，有效地避免了传统方法的缺陷，发展前景较好。

（2）公司简介

公司是一个提议中的公司，全称为"易安科技有限责任公司"。易安科技是一个致力于提供中小跨径桥梁局部快速损伤检测、数据分析存储与监测等服务的科技公司。公司长期致力于贯彻落实生态环保与可持续发展观，践行绿色经济可持续发展新理念。

公司坚持以技术为先导，与河南省岩土力学与结构工程重点试验室、学校工程训练中心以及河南省结构振动控制与健康监测技术研究中心展开深入合作。邀请专家作为特邀技术顾问，带领团队，秉承创新精神，为项目服务提供技术指导。

本项目拥有专业的研发与技术服务队伍，凭借多年的专业研究成果和技术突破，采用先进的研发、测试设备，在此基础上不断创新、完善，提供相关服务。项目建立初期，依靠低利润模式为工程提供相关监测与检测，获得项目机会，打造公司的品牌服务形象，建立长期合作关系。不断参与工程的同时，技术研发中心也将结合需求研发新技术。分析市场需求，提高产品竞争力，拓宽服务市场，将是公司不断追求的目标。

公司图标见图5-1。

企业使命：服务国家建设需求，贯彻创新驱动发展战略；提高桥梁承载能力，造福现代人类社会。

经营宗旨：为客户创造价值，为员工创造财富。

经营理念：出好产品，做好工程，办好企业。

宏伟目标：结构安全，客户安心。

图5-1 公司图标

企业口号：易安科技——让结构更安全。

主要部门：产品设计中心、检测评估中心、技术研发中心、市场运营中心、生产运营部、财务会计部、行政部、人力资源部。

（3）预期目标

本项目拟定投资200万元，动态投资回收期为2.96年，项目从第三年开始盈利，在未来发展中，公司将不断努力，力争成为行业标杆。

① 创业起步，提高质量

创业第一年，努力开拓销售渠道，搭建销售关系网。初期秉承"新技术、低价格"的发展理念占领市场，以低价换份额，用技术展实力。在销售中发现平台的劣势，不断完善现有产品的综合性能，并借助先进的科研力量，开拓服务的类型，使服务体系不断趋于完善。

② 市场渗透，立足河南

市场范围——三年内紧紧把握中原市场，第四、五年逐步扩大全国市场的占有率，不断扩大市场份额，并相应地调整研发和市场战略。

③ 产品开发，升级换代

在应用过程中发现系统存在的问题，不断完善系统，建立一个高效、迅速、智能的系统，为桥梁结构安全保驾护航。保持现有产品在技术和性能上的领先地位，积极开发新产品，丰富产品类型，推出全新服务。

④ 市场开拓，面向全国

五年内稳步扩大市场占有率，十年内成为国内知名品牌，努力在项目成立二十周年时，占据我国主要市场，扩大企业经营范围和产业附加值。

2. 项目基础

桥梁结构的健康监测受到越来越多的关注。国内一些研究者依据影响线的原理来实现桥梁损伤快速定位，影响线虽是静力概念，但能实现"多点激励、单点测量"，将多测点测量转换为固定一个测点，并设多个加载点，求解测点指标的影响线图，然后根据损伤工况与正常工况的影响线差值或影响线差分曲率进行损伤识别，效果较好，只需经过少量的数据处理便能获取丰富的结构信息。

本项目基于结构力学的虚功原理，对简支梁、连续梁的挠度影响线进行了理论推导，得到损伤前后连续梁的对称挠度差表达式。由此形成基于对称挠度差的简支梁、连续梁损伤识别理论基础，具体推导如下：

（1）基于对称挠度差影响线的简支梁桥损伤识别理论推导

1）基本计算模型

仿照结构力学中内力影响线的概念，首先给出本书用到的几个关于挠度影响线的定义。截面上某一测点挠度随移动荷载作用位置变化而变化的曲线称为挠度影响线。在梁上施加左右对称的移动荷载，某一测点挠度差值随对称位置的变化而变化的曲线称为对称挠度差影响线。

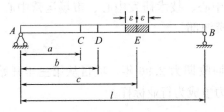

图 5-2　简支空心板梁结构示意图

根据铰接板假定可知，铰接空心板桥间铰缝仅传递竖向剪力，且以荷载横向分布系数衡量空心板承受的车辆荷载大小，因而借助于荷载横向分布系数，可将空心板桥简化成图 5-2 所示的一维空间上的单块板。基于此，本书将通过集中力沿空心板桥纵向移动，获取空心板任一截面上测点的挠度影响线，进而研究空心板和铰缝损伤与挠度影响线的关系。

2）荷载横向分布系数沿桥跨纵向变化模型

20 世纪 70～80 年代，由于计算手段的限制，荷载横向分布系数 m 沿桥跨纵向的变化情况一般简化为图 5-3 所示的分布形式，该简化计算模型一直沿用至今。由有限元分析可知，采用图 5-4 所示的简化模型表示荷载横向分布沿桥跨方向变化更为合理，x 处的荷载横向分布系数 $m(x)$ 可由式（5-1）表示。

图 5-3　常用 m 沿桥跨纵向变化

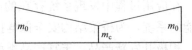

图 5-4　简化 m 沿桥跨纵向变化图

$$m(x) = \begin{cases} \dfrac{2(m_c - m_0)}{l}x + m_0 & 0 \leqslant x \leqslant \dfrac{l}{2} \\[3mm] -\dfrac{2(m_c - m_0)}{l}x + 2m_c - m_0 & \dfrac{l}{2} \leqslant x \leqslant l \end{cases} \tag{5-1}$$

式中　m_c——跨中截面荷载横向分布系数值；

　　　m_0——支座截面荷载横向分布系数值；

　　　x——梁上截面位置与左支座的距离；

　　　l——简支梁计算跨度。

3）集中荷载作用下简支梁弯矩表达式

如图 5-2 所示简支梁，移动集中荷载 $F(a)$ 作用于 C 点，其值见式（5-2）。在 $F(a)$ 作用下，任一截面的弯矩 $M(x)$ 可由式（5-3）表示。

$$F(a) = Fm(a) \tag{5-2}$$

式中　F——作用于空心板桥上 C 点的集中力的值；

　　　a——移动荷载距离左支座 A 的距离。

$$M(x) = \begin{cases} \dfrac{l-a}{l}F(a)x & 0 \leqslant x \leqslant a \\ -\dfrac{a}{l}F(a)x + F(a)a & a \leqslant x \leqslant l \end{cases} \tag{5-3}$$

式中　$F(a)$——移动荷载大小。因影响线的推导过程繁琐，记 $A^* = \dfrac{a}{l}F(a)x$、

$B^* = \dfrac{l-a}{l}F(a)x$。

4）虚拟单位集中力产生的弯矩表达式

由变形体虚功原理可知，求解 D 处竖向位移时，需在该处施加一虚拟单位力 $F_i = l$。F_i 作用下梁上任一截面的弯矩可由式（5-4）求解。

$$\overline{M(x)} = \begin{cases} \dfrac{l-b}{l}x & 0 \leqslant x \leqslant b \\ -\dfrac{b}{l}x + b & b \leqslant x \leqslant l \end{cases} \tag{5-4}$$

式中　b——虚拟单位力距离左支座 A 的距离，其余符号同式（5-3）。

因影响线的推导过程繁琐，记 $C^* = \dfrac{l-b}{l}x$、$D^* = -\dfrac{b}{l}x + b$。当 $b = l/2$ 时，记 $E^* = \dfrac{x}{2}$，$F^* = -\dfrac{x}{2} + \dfrac{l}{2}$。

5）挠度影响线

根据变形体虚功原理，忽略简支梁的轴向变形和剪切变形的影响，由弯曲变形引起的 D 点的挠度 w_D 值见式（5-5）。

$$w_D = \frac{1}{K}\int \overline{M(x)}M(x)\mathrm{d}x \tag{5-5}$$

式中　K——简支梁截面抗弯刚度，$K = EI$，E 和 I 分别是截面的弹性模量和惯性矩。

① 正常情况下简支梁挠度影响线

• 当 $0 \leqslant a \leqslant b$ 时

$$w_D = \frac{1}{K}\Big(\int_0^a A \cdot C \cdot dx + \int_a^b B \cdot D \cdot dx + \int_b^{c-\varepsilon} B \cdot D \cdot dx + \int_{c-\varepsilon}^{c+\varepsilon} B \cdot D \cdot dx + \int_{c+\varepsilon}^l B \cdot D \cdot dx\Big) \tag{5-6}$$

• 当 $b \leqslant a \leqslant c-\varepsilon$ 时

$$w_D = \frac{1}{K}\Big(\int_0^b A \cdot C \cdot dx + \int_b^a A \cdot D \cdot dx + \int_a^{c-\varepsilon} B \cdot D \cdot dx + \int_{c-\varepsilon}^{c+\varepsilon} B \cdot D \cdot dx + \int_{c+\varepsilon}^l B \cdot D \cdot dx\Big) \tag{5-7}$$

• 当 $c-\varepsilon \leqslant a \leqslant c+\varepsilon$ 时

$$w_D = \frac{1}{K}\Big(\int_0^b A \cdot C \cdot dx + \int_b^{c-\varepsilon} A \cdot D \cdot dx + \int_{c-\varepsilon}^a A \cdot D \cdot dx + \int_a^{c+\varepsilon} B \cdot D \cdot dx + \int_{c+\varepsilon}^l B \cdot D \cdot dx\Big) \tag{5-8}$$

• 当 $c+\varepsilon \leqslant a \leqslant l$ 时

$$w_D = \frac{1}{K}\Big(\int_0^b A \cdot C \cdot dx + \int_b^{c-\varepsilon} A \cdot D \cdot dx + \int_{c-\varepsilon}^{c+\varepsilon} A \cdot D \cdot dx + \int_{c+\varepsilon}^a A \cdot D \cdot dx + \int_a^l B \cdot D \cdot dx\Big) \tag{5-9}$$

② 局部损伤时简支梁挠度影响线

无损伤时，整根梁截面抗弯刚度一致，若在 E 点附近的 $c-\varepsilon$ 到 $c+\varepsilon$ 区域出现损伤，则其刚度为 K'。同时，空心板刚度损伤会导致板梁荷载横向分布系数发生变化，则其集中力为 $F'(a)$。将式（5-5）～式（5-9）中 $[c-\varepsilon, c+\varepsilon]$ 积分区间内，积分项中的 K 替换为 K'、$F(a)$ 替换为 $F'(a)$，可得 $F'(a)$ 引起的 D 点竖向挠度 w_D'。

6）挠度差值影响线曲率

由高等数学和材料力学知识可知曲线任一点的曲率 κ 可以用式（5-10）表示。

$$\kappa = \frac{w''}{(1+w')^{2/3}} \tag{5-10}$$

式中 w' 和 w''——分别是挠度的一阶和二阶导数。w' 较小，近乎为 0，忽略其影响，可得：

$$\kappa = w'' \tag{5-11}$$

7）对称加载跨中挠度差影响线

下面将根据结构对称性原理，通过对称加载获取对称挠度差影响线，并据此对结构损伤进行损伤识别，进而解决基准难以确定的难题。

集中力分别作用于 a 和 $(l-a)$ 时跨中挠度影响线差：

假定损伤发生在 E 点，同样记损伤后的刚度为 K'，力位于左侧时跨中位移记为 $w_{1/2}$，右侧时记为 $w'_{1/2}$。根据式（5-5）～式（5-9）计算跨中挠度影响线及与对称位置的差值。简文梁局部损伤后，其上作用力变为 $F'(a)$，为简化推导过程，将式（5-1）中的弯矩分别记为：$G^* = \dfrac{l-a}{l} F'(a) x$、$H^* = \dfrac{l-a}{l} F'(a) x$，$\Delta w$ 与力 $F(a)$ 的作用位置密切相关。这里假定损伤中心 E 位于跨中，即 $c = l/2$，其余位置规律与之相同，但表达形式较为复杂，这里不再赘述。分别定义刚度和集中力因损伤造成的折算系数分别为 $\Delta K = \dfrac{K'}{K}$，$\Delta F(a) = \dfrac{F'(a)}{F(a)}$，然后根据 $F(a)$ 的位置，并结合式 5-14。求解 Δw。

- 当 $0 \leqslant a \leqslant l-(c+\varepsilon)$ 时

力位于左半部分时，由左端向右端积分可得

$$w_{1/2} = \frac{1}{K}\int_0^a G^* E^* \, \mathrm{d}x + \frac{1}{K}\int_a^{l-(c+\varepsilon)} H^* E^* \, \mathrm{d}x + \frac{1}{K}\int_{l-(c+\varepsilon)}^{l-(c-\varepsilon)} B^* E^* \, \mathrm{d}x$$
$$+ \frac{1}{K}\int_{l-(c+\varepsilon)}^{l/2} H^* E^* \, \mathrm{d}x + \frac{1}{K}\int_{l/2}^{c-\varepsilon} H^* F^* \, \mathrm{d}x$$
$$+ \frac{1}{K'}\int_{c-\varepsilon}^{c+\varepsilon} H^* F^* \, \mathrm{d}x + \frac{1}{K}\int_{c+\varepsilon}^l H^* F^* \, \mathrm{d}x \tag{5-12}$$

力位于右边对称位置时，由右端向左端积分可得

$$w'_{1/2} = \frac{1}{K}\int_0^a G^* E^* \, \mathrm{d}x + \frac{1}{K}\int_a^{l-(c+\varepsilon)} H^* E^* \, \mathrm{d}x + \frac{1}{K'}\int_{l-(c+\varepsilon)}^{l-(c-\varepsilon)} H^* E^* \, \mathrm{d}x$$
$$+ \frac{1}{K}\int_{l-(c+\varepsilon)}^{l/2} H^* E^* \, \mathrm{d}x + \frac{1}{K}\int_{1/2}^{c-\varepsilon} H^* F^* \, \mathrm{d}x + \frac{1}{K}\int_{c-\varepsilon}^{c+\varepsilon} B^* F^* \, \mathrm{d}x$$
$$+ \frac{1}{K}\int_{c+\varepsilon}^l H^* F^* \, \mathrm{d}x \tag{5-13}$$

将式（5-12）和式（5-13）做差，可得挠度差值 $\Delta w_{1/2}$：

$$\Delta w_{1/2} = \frac{1}{K}\int_{l-(c+\varepsilon)}^{l-(c-\varepsilon)} B^* E^* \, \mathrm{d}x + \frac{1}{K'}\int_{c-\varepsilon}^{c+\varepsilon} B^* F^* \, \mathrm{d}x - \frac{1}{K'}\int_{l-(c+\varepsilon)}^{l-(c-\varepsilon)} H^* E^* \, \mathrm{d}x - \frac{1}{K}\int_{c-\varepsilon}^{c+\varepsilon} H^* F^* \, \mathrm{d}x$$
$$= \frac{F}{K}\left[\frac{2(m_c - m_0)}{l}a^2 + m_0 a\right] \times \left\{ \begin{array}{l} \left[1 - \dfrac{\Delta F(a)}{\Delta K}\right] \dfrac{3lc\varepsilon - 3c^2\varepsilon - \varepsilon^3}{3l} \\ + \left[\dfrac{1}{\Delta K} - \Delta F(a)\right] \dfrac{3l^2\varepsilon - 3c^2\varepsilon + \varepsilon^3 - 6lc\varepsilon}{3l} \end{array} \right\}$$
$$\tag{5-14}$$

- 当 $l-(c+\varepsilon) \leqslant a \leqslant l-(c-\varepsilon)$ 时

$$\Delta w_{1/2} = \frac{1}{K}\int_{l-(c+\varepsilon)}^a A^* E^* \, \mathrm{d}x - \frac{1}{K'}\int_{l-(c+\varepsilon)}^a G^* E^* \, \mathrm{d}x + \frac{1}{K}\int_a^{l-(c-\varepsilon)} B^* E^* \, \mathrm{d}x$$

$$-\frac{1}{K'}\int_a^{l-(c-\varepsilon)} H^* E^* \, \mathrm{d}x + \frac{1}{K'}\int_{c-\varepsilon}^{c+\varepsilon} B^* F^* \, \mathrm{d}x - \frac{1}{K}\int_{c-\varepsilon}^{c+\varepsilon} H^* F^* \, \mathrm{d}x$$

$$= \left[1 - \frac{\Delta F(a)}{\Delta K}\right] \times \left[\frac{2(m_c - m_0)}{l}a + m_0\right]$$

$$\times \frac{F}{12lK} \times \left\{ \begin{array}{l} -la^3 - 2l(l-c-\varepsilon)^3 \\ -a\left[\begin{array}{l} 3l(l-c-\varepsilon)^2 - 12l^2\varepsilon \\ -12c^2\varepsilon + 24lc\varepsilon - 4\varepsilon^3 \end{array}\right] \end{array} \right\} + \left[\frac{1}{\Delta K} - \Delta F(a)\right]$$

$$\times \left[\frac{2(m_c - m_0)}{l}a^2 + m_0 a\right] \times \frac{F}{6lK}\left[2\varepsilon^3 + 6\varepsilon(c-l)^2\right] \tag{5-15}$$

- 当 $l-(c-\varepsilon) \leqslant a \leqslant c-\varepsilon$ 时：

$$\Delta w_{1/2} = \frac{1}{K}\int_{l-(c+\varepsilon)}^{l-(c-\varepsilon)} A^* E^* \, \mathrm{d}x - \frac{1}{K'}\int_{l-(c+\varepsilon)}^{l-(c-\varepsilon)} G^* E^* \, \mathrm{d}x + \frac{1}{K'}\int_{c-\varepsilon}^{c+\varepsilon} B^* F^* \, \mathrm{d}x - \frac{1}{K}\int_{c-\varepsilon}^{c+\varepsilon} H^* F^* \, \mathrm{d}x$$

$$= \left[1 - \frac{\Delta F(a)}{\Delta K}\right] \frac{F}{K} \frac{3\varepsilon(l-c)^2 + \varepsilon^2}{3l}(l-a) \times \left[\frac{2(m_c - m_0)}{l}a + m_0\right]$$

$$+ \left[\frac{1}{\Delta K} - \Delta F(a)\right] \times \frac{F}{K} \frac{3l^2\varepsilon + 3c^2\varepsilon + \varepsilon^3 - 6lc\varepsilon}{3l}\left[\frac{2(m_c - m_0)}{l}a^2 + m_0 a\right]$$

$$\tag{5-16}$$

- 当 $c-\varepsilon \leqslant a \leqslant c+\varepsilon$ 时：

$$\Delta w_{1/2} = \frac{1}{K}\int_{l-(c+\varepsilon)}^{l-(c-\varepsilon)} A^* E^* \, \mathrm{d}x - \frac{1}{K'}\int_{l-(c+\varepsilon)}^{l-(c-\varepsilon)} G^* E^* \, \mathrm{d}x + \frac{1}{K'}\int_{c-\varepsilon}^a A^* F^* \, \mathrm{d}x$$

$$- \frac{1}{K}\int_{c-\varepsilon}^a G^* F^* \, \mathrm{d}x + \frac{1}{K'}\int_a^{c+\varepsilon} B^* F^* \, \mathrm{d}x - \frac{1}{K}\int_a^{c+\varepsilon} H^* F^* \, \mathrm{d}x$$

$$= \left[1 - \frac{\Delta F(a)}{\Delta K}\right]\left[\frac{2(m_c - m_0)}{l}a + m_0\right] \frac{F}{K} \frac{6\varepsilon(l-c)^2 + 2\varepsilon^2}{6l}(l-a)$$

$$+ \left[\frac{2(m_c - m_0)}{l}a + m_0\right]\left[\frac{1}{\Delta K} - \Delta F(a)\right]\frac{F}{12lK}$$

$$\times \left\{ \begin{array}{l} la^3 - 3l^2a^2 + 2l(c-\varepsilon)^3 - 3l^2(c-\varepsilon)^2 \\ + a\left[\begin{array}{l} (3l-2)(c-\varepsilon)^3 + 6l^2(c+\varepsilon) \\ + 2(c+\varepsilon)^3 - 6l(c+\varepsilon)^2 \end{array}\right] \end{array} \right\} \tag{5-17}$$

- 当 $c+\varepsilon \leqslant a \leqslant l$ 时

$$\Delta w_{1/2} = \frac{1}{K}\int_{l-(c+\varepsilon)}^{l-(c-\varepsilon)} A^* E^* \, \mathrm{d}x - \frac{1}{K'}\int_{l-(c+\varepsilon)}^{l-(c-\varepsilon)} G^* E^* \, \mathrm{d}x + \frac{1}{K'}\int_{c-\varepsilon}^{c+\varepsilon} A^* F^* \, \mathrm{d}x - \frac{1}{K}\int_{c-\varepsilon}^{c+\varepsilon} G^* F^* \, \mathrm{d}x$$

$$= \left[1 - \frac{\Delta F(a)}{\Delta K}\right] \frac{F}{K} \frac{3\varepsilon(l-c)^2 + \varepsilon^2}{3l}(l-a) \times \left[\frac{2(m_c - m_0)}{l}a + m_0\right]$$

$$+ \left[\frac{1}{\Delta K} - \Delta F(a)\right] \times \left[\frac{2(m_c - m_0)}{l}a + m_0\right] \frac{F}{K} \frac{3lc\varepsilon - 3c^2\varepsilon - \varepsilon^3}{3l}(l-a)$$

$$\tag{5-18}$$

由式（5-4）～式（5-6）可知，当移动集中荷载位于简支梁无损区域时，挠度差值 Δw 与荷载位置 a 呈 2 次方关系；当力位于损伤区域内时，Δw 与 a 呈 4 次方关系，所以 $\Delta w - a$ 曲线必然在 $c - \varepsilon$ 和 $c + \varepsilon$ 处出现拐点，据此可以判定损伤位置，但实际应用时拐点不一定非常明显，且多处损伤时判断更为困难，因而难以直接用于结构损伤识别。

8）挠度差值影响线曲率

• 当 $0 \leqslant a \leqslant l - (c + \varepsilon)$ 时

$$\kappa' = \frac{F}{K}\left[\frac{4(m_c - m_0)}{l}\right] \times \left\{ \begin{array}{l} \left[1 - \frac{\Delta F(a)}{\Delta K}\right] \frac{3lc\varepsilon - 3c^2\varepsilon - \varepsilon^3}{3l} \\ + \left[\frac{1}{\Delta K} - \Delta F(a)\right] \frac{3l^2\varepsilon - 3c^2\varepsilon + \varepsilon^3 - 6lc\varepsilon}{3l} \end{array} \right\}$$

(5-19)

• 当 $l - (c + \varepsilon) \leqslant a \leqslant l - (c - \varepsilon)$ 时

$$\kappa' = \left\{ \begin{array}{l} - [3l(l - c - \varepsilon)^2 - 12\varepsilon(l - c)^2 - 4\varepsilon^3] \\ \times \frac{4(m_c - m_0)}{l} - 6lm_0 a - 24a^2(m_c - m_0) \end{array} \right\} \times \left[1 - \frac{\Delta F(a)}{\Delta K}\right] \frac{F}{12lK}$$

$$+ \left[\frac{1}{\Delta K} - \Delta F(a)\right] \frac{F}{6lK} \times \left[\frac{4(m_c - m_0)}{l}\right] [6\varepsilon(l - c)^2 + 2\varepsilon^3] \quad (5\text{-}20)$$

• 当 $l - (c - \varepsilon) \leqslant a \leqslant c - \varepsilon$ 时

$$\kappa' = \left[1 - \frac{\Delta F(a)}{\Delta K}\right]\left[-\frac{4(m_c - m_0)}{l}\right] \frac{3\varepsilon(l - c)^2 + \varepsilon^2}{3l} \frac{F}{K}$$

$$+ \left[\frac{1}{\Delta K} - \Delta F(a)\right]\left[\frac{4(m_c - m_0)}{l}\right] \frac{3l^2\varepsilon + 3c^2\varepsilon + \varepsilon^3 - 6lc\varepsilon}{3l} \frac{F}{K} \quad (5\text{-}21)$$

• 当 $c - \varepsilon \leqslant a \leqslant c + \varepsilon$ 时

$$\kappa' = \left[1 - \frac{\Delta F(a)}{\Delta K}\right] \frac{F}{K} \frac{3\varepsilon(l - c)^2 + \varepsilon^2}{3l}\left[-\frac{4(m_c - m_0)}{l}\right] + \left[\frac{1}{\Delta K} - \Delta F(a)\right] \frac{F}{12lK}$$

$$\times \left\{ \begin{array}{l} 24(m_c - m_0)a^2 - 36(m_c - m_0)la - 6l^2 m_0 + 6alm_0 \\ + \frac{4(m_c - m_0)}{l} \times \left[\begin{array}{l} 3la^2 - 6l^2 a + (3l - 2)(c - \varepsilon)^3 + \\ 6l^2(c + \varepsilon) + 2(c + \varepsilon)^3 - 6l(c + \varepsilon)^2 \end{array} \right] \end{array} \right\} \quad (5\text{-}22)$$

• 当 $c + \varepsilon \leqslant a \leqslant l$ 时

$$\kappa' = \left\{ \begin{array}{l} \left[1 - \frac{\Delta F(a)}{\Delta K}\right] \frac{F}{K} \frac{3\varepsilon(l - c)^2 + \varepsilon^2}{3l} \\ + \left[\frac{1}{\Delta K} - \Delta F(a)\right] \frac{F}{K} \frac{3lc\varepsilon - 3c^2\varepsilon - \varepsilon^3}{3l} \end{array} \right\}\left[-\frac{4(m_c - m_0)}{l}\right] \quad (5\text{-}23)$$

由式（5-7）～式（5-23）可知，当移动集中荷载位于简支梁无损区域时，挠度差值曲线的曲率 κ' 与荷载位置 a 无关，是一个常量，但各区域内常量数值不同。当力位于损伤区域及与损伤区域对称的区域时，κ' 与 a 呈二次方关系，因此无损区域，损伤区的界限处必定对应 κ'-a 曲线上的拐点，据此可确定简支梁损伤位置。但是通过 κ'-a 曲线，难以确定损伤是由铰缝损伤造成的，还是空心板损伤造成的，但影响因素分析可知，铰缝损伤对挠度影响线影响较小，因而可据此进行空心板损伤识别，此外，该方法对于对称位置发生相同程度的损伤难以识别，不过该现象在工程中出现的几率较小。

（2）基于对称挠度差影响线的连续梁桥损伤识别理论推导

本书推导的假定：①材料处于线弹性阶段，结构的应力应变成正比；②忽略剪切变形的影响；③结构的变形很小，不会对力的作用造成影响。

对于连续梁，根据变形体的虚力原理，在荷载作用下任一点的弹性位移 Δ 表达式如下：

$$\Delta = \sum \int \frac{\overline{M}M_\mathrm{P}}{EI}\mathrm{d}s \tag{5-24}$$

假设损伤位于连续梁桥中跨 BC 段，损伤区段长为 2ε，损伤区域中点距 B 为 c，梁在损伤区域内刚度为 EI'，在无损伤区域刚度为 EI，见图 5-5：

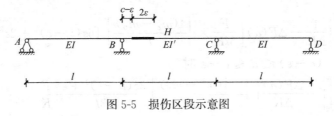

图 5-5　损伤区段示意图

单位力作用示意图，见图 5-6：

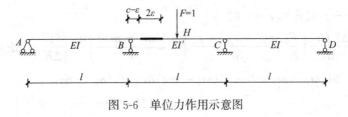

图 5-6　单位力作用示意图

运用力法可得单位力作用下连续梁的弯矩图，见图 5-7：

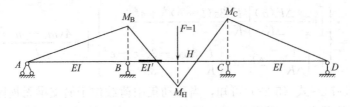

图 5-7　跨中单位力作用下弯矩图

使移动荷载在梁上移动，推导 H 点位移影响线，设移动荷载距 A 点距离为 x_0，作出移动荷载位于不同位置时的弯矩图，见图 5-8～图 5-13。

• 当 $0 \leqslant x_0 \leqslant l$ 时：

（画弯矩图）

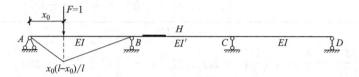

图 5-8　单位力（位于 AB 段内）作用下弯矩图

$$\Delta H = \int_0^{x_0} \frac{y_0 y_1}{EI} \mathrm{d}x + \int_{x_0}^{l} \frac{y_0 y_2}{EI} \mathrm{d}x = \frac{M_B}{6EIl^2}(lx_0^3 - l^3 x_0) \qquad (5\text{-}25)$$

对称位置：

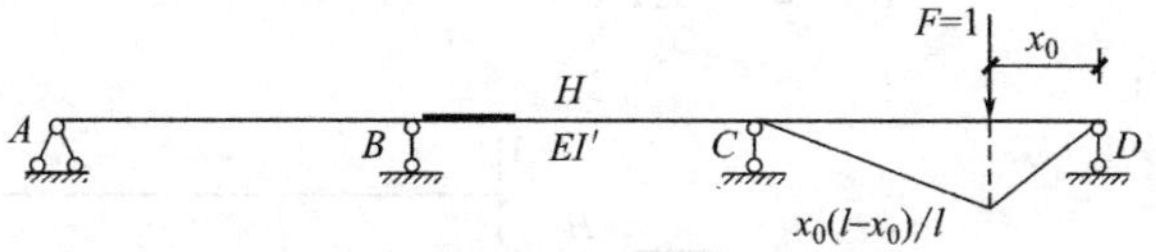

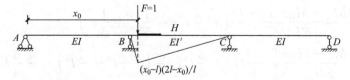

图 5-9　单位力（位于 CD 段内）作用下弯矩图

$$\Delta H' = \int_{2l}^{3l-x_0} -\frac{M_C}{EIl}(x-3l)\frac{x_0}{l}(x-2l) + \int_{3l-x_0}^{3l} -\frac{M_C}{EIl}(x-3l)\frac{(x_0-l)}{l}(x-3l)$$

$$= \frac{M_C}{EIl^2}\left(-\frac{l}{2}x_0^3 + \frac{l}{3}x_0^3 + \frac{l^3}{6}x_0\right)$$

由此可得对称挠度差：

$$\Delta H - \Delta H' = \frac{M_B}{6EIl^2}(x_0^3 - l^2 x_0) - \frac{M_C}{EIl^2}\left(-\frac{1}{2}x_0^3 + \frac{l}{3}x_0^3 + \frac{l^3}{6}x_0\right) \quad (5\text{-}26)$$

与 x_0^3 有关　即

$$\Delta H - \Delta H' = Ax_0^3 + Bx_0^2 + Cx_0 + D \qquad (5\text{-}27)$$

当 $l \leqslant x_0 \leqslant l + c - \varepsilon$ 时

图 5-10　单位力（位于 BC 段内偏左）作用下弯矩图

$$\Delta H = \int_l^{x_0} \frac{y_0' y_3}{EI}dx + \int_{x_0}^{l+c+\varepsilon} \frac{y_0' y_4}{EI'}dx + \int_{l+c+\varepsilon}^{l+c+\varepsilon} \frac{y_0' y_4}{EI'}dx + \int_{l+c+\varepsilon}^{\frac{3}{2}l} \frac{y_0' y_4}{EI}dx + \int_{\frac{3}{2}l}^{2l} \frac{y_0'' y_4}{EI}dx$$

$$= \frac{2(M_H - M_B)\left[-\dfrac{l}{6}x_0^3 + \dfrac{l}{2}x_0^2 + \left(-\dfrac{5}{12}l^3 - 2lc\varepsilon + 2c^2\varepsilon\right)x_0 + \dfrac{l^4}{12} + 2l^2c\varepsilon - \dfrac{1}{3}l\varepsilon^3 - 2lc^2\varepsilon - \dfrac{1}{3}lc^3\right]}{EIl^2}$$

$$+ \frac{M_B}{EIl}\left[-\frac{l}{2}x_0^2 + \left(\frac{11}{8}l^2 + 2c\varepsilon - 2l\varepsilon\right)x_0 - \frac{7}{8}l^3 + 2l^2\varepsilon - 2lc\varepsilon\right]$$

$$+ \frac{(M_C - M_H)(l^2 - lx_0)}{12EI} - \frac{M_C(l - x_0)l}{8EI}$$

$$+ \frac{2(M_H - M_B)}{EI'l^2}\left[\left(-\frac{1}{3}c^3 - \frac{1}{3}\varepsilon^3 + 2lc\varepsilon + 2l^2\varepsilon - 2c^2\varepsilon\right)x_0 - 2l^2c\varepsilon - 2l^3\varepsilon\right.$$

$$\left. + 2lc^2\varepsilon + \frac{1}{3}lc^2 + \frac{1}{3}l\varepsilon^2\right] + \frac{M_B}{EI'l}\left[2lc\varepsilon - 2l^2\varepsilon + (2l\varepsilon - 2c\varepsilon)x_0\right] \qquad (5-28)$$

对称位置处：

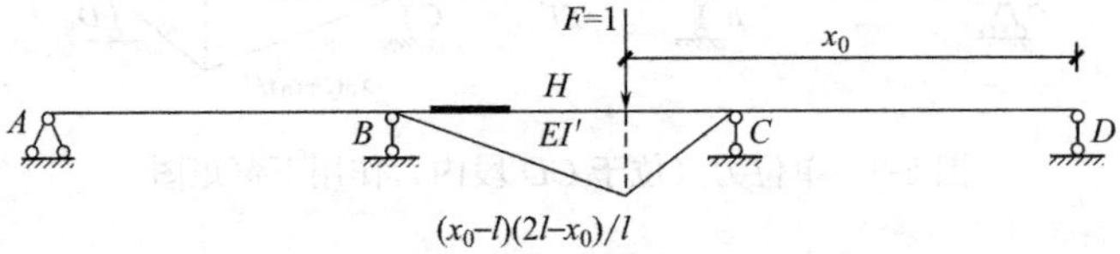

$$(x_0-l)(2l-x_0)/l$$

图 5-11　单位力（位于 BC 段内偏右）作用下弯矩图

$$\Delta H' = \int_l^{l+c+\varepsilon} \frac{y_0' y_3'}{EI}dx + \int_{l+c+\varepsilon}^{l+c+\varepsilon} \frac{y_0' y_3'}{EI'}dx + \int_{l+c+\varepsilon}^{\frac{3}{2}l} \frac{y_0' y_3'}{EI}dx$$

$$+ \int_{\frac{3}{2}l}^{3l-x_0} \frac{y_0'' y_3'}{EI}dx + \int_{3l-x_0}^{2l} \frac{y_0'' y_4'}{EI}dx$$

$$= \frac{2(M_H - M_B)\left[\left(-2c^2\varepsilon + \dfrac{l^3}{24} - \dfrac{1}{3}c^3 - \dfrac{1}{3}\varepsilon^3\right)x_0 + 2lc^2\varepsilon + \dfrac{1}{3}lc^3 + \dfrac{1}{3}l\varepsilon^3 - \dfrac{l^3}{24}\right]}{EIl^2}$$

$$+ \frac{M_B}{EIl}\left[\left(-2c\varepsilon + \frac{l^2}{8}\right)x_0 + 2lc\varepsilon - \frac{l^3}{8}\right] + \frac{M_C}{EIl}\left[\frac{1}{6}x_0^3 - \frac{5}{6}lx_0^2 + \frac{11}{2}l^2x_0 + l^3\right]$$

$$+ \frac{2(M_H - M_B)(x_0 - l)}{EI'l^2}\left(c\varepsilon^3 + c^2\varepsilon + \frac{1}{3}c^3 + \frac{1}{3}\varepsilon^3\right)$$

$$+ \frac{2(M_C - M_H)}{EIl^2}\left[-\frac{17}{6}lx_0^3 + \frac{5}{2}l^2x_0^2 + \left(-\frac{5}{4}l^2 - \frac{5}{3}l^3\right)x_0 - \frac{3}{4}l^3 + \frac{2}{3}l^4\right]$$

$$+ \frac{2M_B(x_0 - l)c\varepsilon}{EI'l} \qquad (5-29)$$

由此可得对称挠度差：与 x_0^3 有关，即：

$$\Delta H - \Delta H' = Ax_0^3 + Bx_0^2 + Cx_0 + D \tag{5-30}$$

- 当 $l+c-\varepsilon \leqslant x_0 \leqslant l+c+\varepsilon$ 时

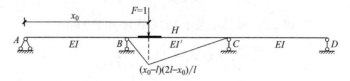

图 5-12　单位力（位于 BH 段内）作用下弯矩图

$$BH \text{ 段：} y' = \frac{2(M_H - M_B)}{l}(x_0 - l) + M_B \tag{5-31}$$

$$HC \text{ 段：} y'' = \frac{2(M_C - M_H)}{l}(x - 2l) + M_C \tag{5-32}$$

$$y_3 = \frac{(2l - x_0)}{l}(x - l) \tag{5-33}$$

$$y_4 = \frac{(l - x_0)}{l}(x - 2l) \tag{5-34}$$

$$\Delta H = \int_l^{l+c-\varepsilon} \frac{y_0' y_3}{EI} dx + \int_{l+c-\varepsilon}^{x_0} \frac{y_0' y_3}{EI'} dx + \int_{x_0}^{l+c+\varepsilon} \frac{y_0' y_4}{EI'} dx + \int_{l+c+\varepsilon}^{\frac{3}{2}l} \frac{y_0' y_4}{EI} dx + \int_{\frac{3}{2}l}^{2l} \frac{y_0'' y_4}{EI} dx$$

$$= \frac{2(M_H - M_B)(c\varepsilon^2 - c^2\varepsilon)(2l - x_0)}{EIl^2} + \frac{M_B(2l - x_0)\left(\frac{1}{2}c^2 + \frac{1}{2}\varepsilon^2 - c\varepsilon\right)}{EIl}$$

$$+ \frac{2(M_H - M_B)}{EI'l^2}\left[-\frac{1}{6}lx_0^3 - \frac{1}{2}l^2x_0^2 + \left(-\frac{1}{2}l^3 + lc\varepsilon + \frac{1}{2}lc^2 - 2c^2\varepsilon - l\varepsilon^2 \right.\right.$$

$$\left.\left. - \frac{1}{3}c^3 - \frac{1}{3}\varepsilon^3 + \frac{1}{2}l\varepsilon^2\right)x_0 + \frac{1}{6}l^4 - lc\varepsilon^2 + 3lc^2\varepsilon - l^2c\varepsilon - \frac{1}{2}l^2c^2 + \frac{1}{2}l^2\varepsilon^2 \right.$$

$$\left. + \frac{1}{3}lc^3 + \frac{1}{3}l\varepsilon^3\right] + \frac{M_B(2l - x_0)}{EI'l}\left(\frac{1}{2}x_0^2 - lx_0 + \frac{1}{2}l^2 - \frac{1}{2}c^2 - \frac{1}{2}\varepsilon^2 + c\varepsilon\right)$$

$$+ \frac{M_B(l - x_0)}{EI'l}\left(-\frac{1}{2}x_0^2 + 2lx_0 - \frac{3}{2}l^2 - lc + \frac{1}{2}c^2 - l\varepsilon + c\varepsilon + \frac{1}{2}\varepsilon^2\right)$$

$$+ \frac{2(M_H - M_B)(l - x_0)}{EIl^2}\left(-\frac{l^3}{12} + \frac{1}{2}lc^2 + lc\varepsilon - c^2\varepsilon - c\varepsilon^2 + \frac{1}{2}l\varepsilon^2 - \frac{c^3}{3} - \frac{\varepsilon^3}{3}\right)$$

$$+ \frac{M_B(l - x_0)}{EIl}\left(-\frac{3}{8}l^2 + lc + l\varepsilon - \frac{1}{2}c^2 - \frac{1}{2}\varepsilon^2 - c\varepsilon\right) + \frac{(M_C - M_H)(l - x_0)l}{12EI} \frac{M_C(l - x_0)l}{8EI}$$

$$\tag{5-35}$$

对称位置处：

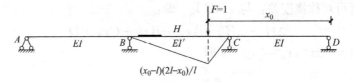

图 5-13 单位力（位于 HC 段内）作用下弯矩图

$$y' = \frac{2(x_0 - 1)}{l}(x - l) \tag{5-36}$$

$$y' = \frac{(x_0 - 2l)}{l}(x - 2l) \tag{5-37}$$

$$
\begin{aligned}
\Delta H' =& \int_l^{l+c-\varepsilon} \frac{y_0' y_3'}{EI} \mathrm{d}x + \int_{l+c-\varepsilon}^{l+c+\varepsilon} \frac{y_0' y_3}{EI'} \mathrm{d}x + \int_{l+c+\varepsilon}^{\frac{3}{2}l} \frac{y_0' y_4}{EI'} \mathrm{d}x + \int_{\frac{3}{2}l}^{3l-x_0} \frac{y_0' y_3'}{EI} \mathrm{d}x + \int_{3l-x_0}^{2l} \frac{y_0'' y_4}{EI} \mathrm{d}x \\
=& \frac{2(M_H - M_B)}{EIl^2}(c\varepsilon^2 - c^2\varepsilon) + \frac{M_B(x_0 - l)}{EIl}\left(\frac{1}{2}c^2 + \frac{1}{2}\varepsilon^2 - c\varepsilon\right) \\
&+ \frac{2(M_H - M_B)(x_0 - l)}{EIl^2}\left(c^2\varepsilon + c\varepsilon^2 + \frac{1}{3} + \frac{1}{3}\varepsilon^3\right) \\
&+ \frac{2M_B(x_0 - l)c\varepsilon}{EI'l} + \frac{2(M_H - M_B)(x_0 - l)}{EIl^2}\left(\frac{l^3}{24} - \frac{1}{3}c^3 - \frac{1}{3}\varepsilon^3 - c^2\varepsilon - c\varepsilon^2\right) \\
&+ \frac{M_B(x_0 - l)}{EIl}\left(\frac{l^2}{8} - \frac{1}{2}c^2 - c\varepsilon - \frac{1}{2}\varepsilon^2\right) + \frac{2(M_C - M_H)}{EIl^2}\left[-\frac{7}{16}lx_0^3 + \frac{9}{2}l^2 x_0^2\right. \\
&\left.+ \left(\frac{11}{4}l^2 - \frac{1}{3}l^3\right)x_0 - \frac{3}{4}l^3 + \frac{2}{3}l^4\right] + \frac{M_C(x_0 - l)}{EIl}\left(\frac{1}{2}x_0^2 - 2lx_0 + \frac{15}{8}l^2\right) \\
&+ \frac{M_C(x_0 - 2l)}{EIl}\left(-\frac{1}{3}x_0^2 + lx_0 - \frac{1}{2}l^2\right)
\end{aligned}
\tag{5-38}
$$

由此可得对称挠度差：与 x_0^3 有关，即：

$$\Delta H - \Delta H' = A x_0^3 + B x_0^2 + C x_0 + D \tag{5-39}$$

基于结构力学中变形体的虚功原理，推导了三跨连续梁跨中损伤后的对称挠度差影响线表达式，从解析表达式可见，连续梁损伤后的对称挠度差影响线均与移动荷载的位置 x_0 成三次方关系，但损伤前各区域里 x_{03} 的系数不发生突变，损伤后连续梁 x_{03} 的系数在损伤区域内发生突变，且 x_{03} 系数进行相比 EI/EI'（损伤区域/未损伤区域）所得的数值能反映损伤程度，比值越大，损伤程度越大。因此，基于该理论推导可以证明，跨中对称挠度差影响线可以识别三跨连续梁桥的损伤位置。

因此，由简支梁桥和连续梁桥对称挠度差影响线解析解表达式可以发现，损伤区与非损伤区具有明显的界限，因而可以应用于实际工程中桥梁局部损伤识别。

在挠度差影响线 $\Delta w - a$ 上，非损伤区域内 Δw 与 a 呈 2 次方关系，损伤区域内 Δw 与 a 呈 4 次方关系。挠度差影响线的曲率在非损伤区域是常量，在损伤区域曲率与 a 呈 2 次方关系，据此可进行损伤识别。有限元分析表明，对称挠度差值影响线的曲率损伤特征较为明显，损伤识别效果较好。

3. 项目实践

为了验证理论推导的合理性、准确性，并展了梁式桥模型损伤识别试验。

（1）试验所用器材

1）激光位移计：精度 0.01mm；

2）数据采集仪；

3）竹皮梁模型：3 块；长 1200mm，宽 50mm，厚 7mm；

4）刚性铁块：10 个，长 40mm，宽 25mm，高 80mm；

5）重物：500g；

6）胶带、铅笔、签字笔、直尺（1mm）等。

（2）损伤识别系统介绍

该系统采用竹皮模拟梁桥的实际受力情况，在跨中放置一个激光位移计，相比于其他位移测量设备，它具有高精度、无接触及全场测量的特点，能独立不受干扰地对被测对象进行测量，通过将重物放在不同位置加载，使激光位移计在跨中测得的挠度值通过采集器采集到电脑，将采集后的数据输入具有自主知识产权的软件中即可快速识别损伤的位置。损伤识别系统见图 5-14。

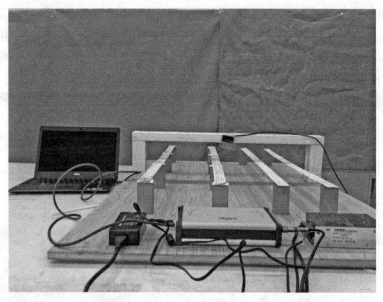

图 5-14 连续梁损伤识别系统

（3）试验步骤

1）搭建试验平台。用竹皮制作的梁模拟主体梁桥，用刚性铁块、白卡纸与绳子分别限制板的竖向和横向位移，模拟结构力学中的理想铰支座。本次模型模拟的是三跨连续梁桥，每跨长 400mm。连续梁桥损伤模型计算简图见图 5-15。

图 5-15　连续梁损伤模型计算简图

2）在梁上标刻度线。为加载和测试方便，在梁上每隔 100mm 画一刻度线，这样梁被分为 12 个单元，共 13 个测点。

3）在跨中即第 7 号测点处架设激光位移计，对仪器进行初始化，启动测量，取梁体在自重作用下变形稳定后的位移为初始位移，为减小测量数据的误差，把每个测点处的测量数量设为 3。

4）将重物依次放置于每个加载点处，待变形稳定后，通过采集仪将位移计测量第 7 号节点处的位移采集到电脑上，输入软件进行数据分析。

5）重复步骤 1）～4），在两个不同的模型上进行测量，记录测量数据，对比试验结果。

（4）试验结果分析

1）无损伤模型：

无损伤模型的损伤识别曲线有一定的曲率而并非理想的常数，分析其原因是竹皮材料的非均质性，可以通过调节损伤识别的精度来解决这一问题。用有限元软件对桥梁情况进行模拟，由于模拟的情况比较理想，可以从图 5-16 看出在没有损伤的位置桥梁的损伤定位曲线为常数。

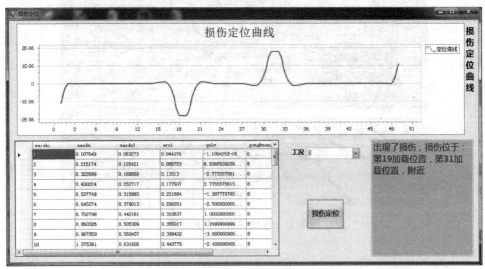

图 5-16　有限元模拟的损伤定位曲线

2) 有损伤识别模型：

从损伤识别曲线可以看出，没有损伤的位置基本为常数，损伤位置处损伤识别曲线发生突变，计算机也在下端的提示框显示出损伤识别位置，与模型试验设定的损伤位置相同，见图 5-17。

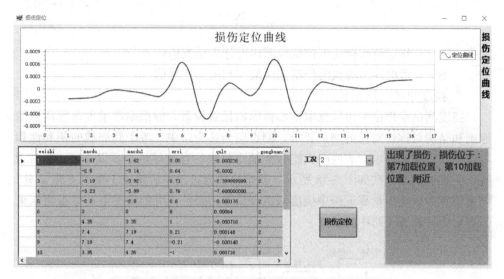

图 5-17　有限元模拟的损伤定位曲线损伤识别结果

3) 试验结果分析：

从上述分析试验结果可以看出，结构在没有损伤的时候其损伤定位曲线基本为常数；当结构出现损伤时，其损伤定位曲线会在结构损伤的位置发生突变，使软件识别出损伤位置，试验结果与理论推导相符合。

因此，由结构的对称挠度差影响线，可判断结构是否存在损伤，还可定位结构损伤的大致范围。

（5）应用模式

在实际工程中沿桥梁纵向施加集中移动荷载较为困难，即使实现也不经济且效率较低。机动车移动加载是在桥梁上实施移动加载最便捷、有效、经济的方法。本节将探讨机动车移动加载损伤识别的基本原理和应用要点。

① 基本原理

机动车施加到空心板上的荷载是一组固定间距的移动荷载，而非单一集中荷载。由积分的可加性可知，多个集中荷载作用时，将各集中荷载作用下挠度影响线的解析表达式叠加，可获得该组集中荷载作用下，挠度影响线的解析表达式，因而板损伤时，车辆荷载作用下的挠度差影响线的损伤特征保持不变，这是采用机动车移动获取空心板挠度影响线，并据此进行损伤识别的理论依据。

② 机动车荷载确定

基于挠度差影响线的损伤识别，实质上仍然是静载试验，因而可借助静载试验效率 η_q 衡量加载值是否合适，具体见式（5-40）。η_q 值一般取 $0.80\sim1.05$。为加载和计算方便，建议选用 2 轴机动车作为加载车辆。

$$\eta_q = \frac{S_s}{S} \tag{5-40}$$

式中　S_s——移动荷载作用下控制截面内力计算最大值；

　　　S——考虑冲击荷载的控制截面最不利内力计算值。

③ 挠度测试点及 d 值

挠度测试点理论上可以选取空心板纵向任意位置，但根据尽量少布置测点的原则和结构对称性对比的测量要求，测点应当选为跨中。考虑到加载的便利性和局部损伤识别的要求，d 值应当能够被轴距整除，且宜尽量小，以 $0.2\mathrm{m}$ 左右为宜。两轴机动车加载如图 5-18 所示，起始位置为机动车后轮位于距离支座 d 处，结束位置为后轮尽量靠近跨中挠度测试点位置，条件许可的情况下，尽量将结束位置定为后轮置于跨中处。

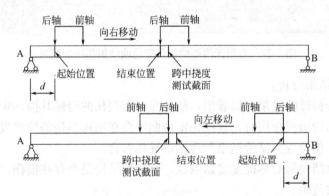

图 5-18　机动车荷载沿桥跨纵向移动加载示意图

④ 应用流程

根据现场勘查，确定需要损伤识别的板，并确定机动车荷载大小及移动间隔 d；

机动车纵向移动加载，在加载时速度应尽可能的慢，避免引起桥梁较大的振动，到达加载位置后，应稳定 $5\sim15\mathrm{min}$ 左右再记录结果；

数据处理，确定损伤区域，并通过其他检测手段进一步复核结果。

（6）算例

某跨度为 16m 的既有装配式预应力空心板桥，由 18 块空心板梁组成，自左向右依次命名为 S1-S12，沿纵向以 0.25m 为间隔将空心板划分成 30 个单元，设定 S14 板的损伤区域为 $[7,9]$ & $[19,21]$，其刚度下降 50%。采用机动车移动加载的方法进行损伤识别，并采用 MIDAS FEA 进行仿真分析。参照我国规范中标准车的轴距和轴重，根据本桥的实际情况，选用由前后两轴组成的机动车施加移动荷载，该车轴距为 3m，前轴重 30kN，后轴重 140kN。取 $d=0.25m$，将其中一车轮置于 S14 横向中心线上，然后实施移动加载，记录每次移动 d 后，S14 跨中挠度值。最后，得到各空心板对称挠度差影响线及其曲率，见图 5-19。

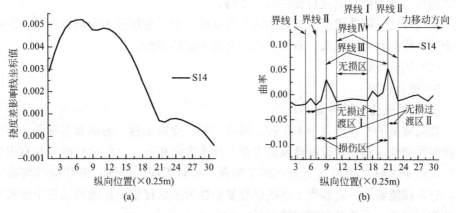

图 5-19　空心板对称挠度差影响线及曲率
(a) 影响线；(b) 曲率

由图 5-19 可知，对称挠度差影响线在损伤位置具有明显的转折，但是幅值较小。空心板损伤后其对称挠度差影响线曲率特征较为明显：力由端部向跨中移动时，先后经过无损区、无损过渡区Ⅰ、损伤区和无损过渡区Ⅱ；力在无损区移动时，曲率是直线；力在无损过渡区Ⅰ内移动时影响线出现一个峰值，但其值小于损伤段的峰值；力在损伤区内移动时，挠度差影响线呈曲线段分布，且有多个峰值，其中力直接作用板在界线Ⅲ处的峰值最大；力在无损过渡区Ⅱ内移动时，影响线是一条下降的直线。则可得 S14 板的损伤区域为 [7，9] & [19，21]，这与设定的损伤一致，因而采用机动车移动加载，可以实现损伤识别，且效果较好。

因此，在实际应用时，通过一辆机动车和一台挠度仪，获取车辆移动加载下跨中挠度影响线，然后根据本书提供的损伤识别方法，可实现空心板局部损伤识别。该方法具有设备简单、加载方便、测量简单和识别精度高等优点，是一种经济、高效的装配式简支板桥损伤识别方法，具有广泛的应用前景。

4. 团队组建及其优势

(1) 团队组建

项目负责人 A 在通过和学长学姐们的项目合作后萌生创业念头，她主动找指导老师汇报想法。指导老师给她讲解了桥梁损伤定位市场的现状，并表示一定会全力以赴地指导项目。

项目负责人 A 组建了团队。团队成员在团队组建前期就有过深入的合作交流，均进行过科技项目的共同研究，共同参与过科技竞赛、创新比赛等。

团队成员学习成绩优异，能够在项目研究上提出比较有建设性的意见，推动项目的进行；团队成员的主观能动性很高，能够积极地请教指导老师关于项目方面的问题，能够保质保量地完成各自负责的内容；团队成员责任心很强，并具有钻研精神，能为项目的进行提供有力支持。

简而言之，团队成员有着扎实的专业基础，而且参加过多个科技项目，并有多个竞赛作品获得国家级、省级奖项，有着丰富的经验。

（2）团队优势

1）成员优势

① 公司成员的学科交叉

我司成员的专业涉及土木工程、桥梁工程、交通工程、力学等多学科，与中小跨径桥梁快速损伤定位所涉及的专业与技术方向相契合。跨学科研究具有很多优势，各个学科之间相互交流，相互融合，针对不同的问题，有相应的解决方案，它不仅能够在一定程度上解决研究复杂性带来的桎梏，还能调动每个涉及领域的知识储备，发挥各自领域的专长。

② 扎实的相关专业背景

团队成员都有扎实的专业基础和理论知识以及丰富的实战经验，曾获得国家奖学金，国家励志奖学金等多项荣誉，可提供针对性、理想化、专业化的桥梁快速损伤定位等服务。

③ 丰富的创业实践经验

团队成员获得过多个创新创业类项目奖项，如 2021 年河南省"互联网＋"大赛大学生创新创业大赛一等奖，第十二届"挑战杯"中国大学生创业计划竞赛三等奖，具有扎实的实践经验和良好的社会资源。

2）研发优势

① 生产条件优势

该项目与学校工程训练中心达成战略合作，可进行产品的代加工与代生产。校工程训练中心前身是机械学院实习工厂，具有悠久的历史。中心现有专职教职工 21 名，其中教授 2 名、副教授 1 名，具有中高级职称人员 4 名，具有博士学历人员 1 名、硕士学历人员 6 名，中心下设办公室、机械制造基础实训部、先进制造技术实训部、创新实践部、工程训练中心综合试验室五个部门，中心总建筑面积近 $5000m^2$，设备总值达到 1048 万元，部分设备见图 5-20。

具体包含立式加工中心、卧式加工中心、数控铣床、数控车床、车床、铣床、磨床、牛头刨床、龙门刨床、滚齿机等加工设备，同时还具有 3D 打印机、工业级金属激光切割机、非金属激光切割机、激光内雕机等特种加工设备。中心

数控铣床

数控车床

激光切割机

牛头刨床

图 5-20 学校工程训练中心部分设备

还建立了包含 90 台计算机的 CAD/CAM、虚拟仿真教学试验中心等大型平台。

双方达成战略合作关系，公司设计产品可由工程训练中心代加工，将技术转化为产品，这种模式符合公司前期发展战略。

② 校-企合作优势

公司将充分发挥学校在高科技研发、成果产业转化等方面优势，加强校-企科技创新、人才培养、学术交流、服务社会等方面的合作，实现学校科研成果转化的具体目标、提升公司的自主创新能力进而促进企业发展。

通过"产学研"合作使科技成果产生社会效益和经济效益，为我国桥梁建设事业的发展和科技进步作出贡献。公司具有一流的研发团队和设备，通过校企合作，可以生产出质量好、性能强的高水平产品。随着公司的发展及与学校的合作加深，公司还可为学校毕业生提供一批就业岗位，真正意义上实现校-企合作，互利共赢。

5. 产品与服务

（1）产品介绍

梁式桥损伤快速定位系统：

1）项目技术领域与背景

本项目涉及桥梁工程技术领域，特别涉及装配式桥梁养护管理过程中，对其上部结构整体受力性能的检测与鉴定的方法。

在我国道路运输快速发展的形势下，各级各类公路建设得到迅速扩展。其中所含各类型桥梁中，装配式简支梁桥是主要的桥型之一。这种装配式简支梁桥采用先预制上部结构，后现浇混凝土段连接的组装方式。现浇连接段的可靠性决定着桥梁运营过程中的整体受力情况，因此是桥梁养护及维修的重点内容。

目前，对于装配式简支梁桥整体受力状况的监测与检测鉴定，尚无直接可靠的快速监测方法。现有的检测方法大多是通过观察桥面铺装层的完整性、采用车辆静动载试验检测各预制构件变形的方法，辅以检测人员的经验加以综合判定。动静载试验均需专门的挠度测定设备、拾振器和加载车辆，成本高、耗时长、需要中断交通完成测试，影响线路通行，因而桥梁定期检查主要依靠人工检查铺装完整性和铰缝渗漏情况进行判断，效率低、主观性强，只有桥梁损失较严重时，相关部分才安排动静载试验，此时获得的数据为一次性数据，不连续也不能实现桥梁本身状态的对比，只能通过实测值和理论值或经验值相比较判断桥梁整体受力情况，检测费用高、耗时长、不够科学。因而传统的检测工作效率低、检测成本高、全面性差、不能实现桥梁整体受力的动态监控。

2）项目内容

本项目的目的在于提供一种装配式桥梁整体性快速检测方法，获得桥梁各预制构件和桥梁整体的振动频率，实现长期的可靠监测与检测。

本项目的技术方案是：一种装配式桥梁整体性快速检测方法，用于装配式板桥或梁桥，装配式板桥或梁桥包括并列的若干预制板或梁，相邻的预制板或梁之间设有梁间接缝，采用的检测装置包括振弦式应力应变测试元件、连接线、接线盒和动态信号采集设备，振弦式应力应变测试元件通过连接线依次与接线盒和动态信号采集设备连接。现浇接缝指空心板的铰缝或箱梁的湿接缝或 T 梁的湿接缝；动态信号采集设备为动态信号采集仪；连接线为屏蔽型连接线；接线盒设置在桥侧面或者桥墩顶部，主要设备见图 5-21。

振弦式钢筋应变计

动态信号采集仪

图 5-21　主要设备示意图

第一步，在装配式桥板或桥梁上部预制构件安装完成后，在现浇接缝中沿纵向安装振弦式应力应变测试元件；振弦式应力应变测试元件安装在装配式桥板或桥梁跨中区域，根据跨度情况，沿纵向在每条现浇接缝内的测试元件数量不少于3个，振弦式应力应变测试元件间距为1～3m；振弦式应力应变测试元件为振弦式钢筋应变计或振弦式混凝土应力计；现浇接缝中沿纵向安装振弦式应力应变测试元件，具体为：在纵向钢筋上，采用绑扎或者串接的方式安装振弦式钢筋应变计，或者沿纵向安装振弦式混凝土应力计。

第二步，成桥后通车状态下，进行联机监测测试，根据动态信号采集设备采集的数据，通过信号处理和快速傅里叶转换谱分析，获得桥梁建成后的桥板或桥梁各预制构件和桥梁整体的振动频率。

第三步，在桥梁运营养护过程中，定期或不定期进行联机监测，通过信号处理和快速傅里叶转换谱分析，获得桥板或桥梁各预制构件、桥板或桥梁整体的振动频率；根据需要随时检测并进行桥板或桥梁及各预制梁固有频率的对比分析，判别桥板或桥梁的整体受力状况。

本项目的快速检测方法是：在装配式桥梁预制梁的现浇接缝（空心板的铰缝、箱梁或T梁的湿接缝）中沿纵向安装振弦式应力应变测试元件（在纵向钢筋上安装振弦式钢筋应变计，或者沿纵向安装振弦式混凝土应力计），采用动态应变仪检测记录各测试元件在成桥时和运营期间的动态变化数据。采用快速傅里叶转换谱分析方法，获得桥梁的各预制梁和整桥的固有振动频率。以成桥时桥梁动态测试结果为基础，通过比对运营期内的桥梁动态测试结果，可分析判断桥梁的整体受力性能，其操作流程见图5-22，应用模式见图5-23。

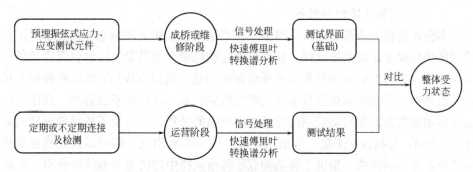

图5-22 桥梁性能快速检测操作流程示意图

本项目提供的方法在建造装配式桥梁或者铰缝大修时预埋振弦式应变计，成桥或维修过后测试初始状态，分析出各个测点的基频，此后只需定期打开接线盒连接动态信号测试仪，获取动态信号，分析出各个测点的基频，纵向对比判定桥梁整体受力性能的变化情况。整个测试过程中无需中断交通和安装传感器，在正常通车运营情况下，就可以采集动态信号，通过快速傅里叶变换获得基频，因而，本项目的方法投入成本低，测试无需中断交通，可高效地实现桥梁整体受力状态的连续监控，为桥梁健康状态评估提供可靠依据，且便于动态掌握桥梁整体受力性能变化情况。

与现有技术相比，本项目的优点是：

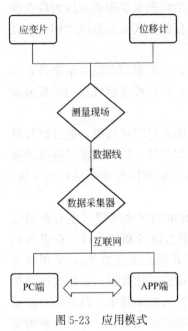

图 5-23　应用模式

本项目采用先进可靠的振弦式钢筋（混凝土）应力计，预先安装于装配式桥梁上部结构现浇接缝内，实现了长期的可靠监测与检测目标。

本项目采用桥梁实时动态监测，通过动态信号处理并辅以通过信号处理和快速傅里叶转换谱分析，获得桥梁各预制构件和桥梁整体的振动频率。检测与鉴定简便快捷、可操作性强。

（2）服务介绍

市场经济中，一个好的服务不仅可以提高公司声誉，而且可以更好地维护客户关系。这样不仅可以为交易提供方便，节约交易成本，也可以为企业深入理解客户的需求和交流双方信息提供机会，促进该企业业务的扩大。该项目在对客户进行分析的基础上，打破普通科技项目的传统客户关系，建立属于自己的新型顾客关系，并为客户提供贴心到位的服务，确保与顾客形成长期有效的商业往来。

1）桥梁损伤快速检测服务

本公司的核心业务是向桥梁养护、桥梁施工以及相关试验室等相关单位销售梁式桥损伤快速定位系统软件，该系统通过在桥梁上部纵梁间接缝位置埋置低成本应变片，利用振弦式传感器采集桥梁振动信息，通过 NB-IoT 模块将数据上传至云服务器，并利用数据分析手段实现对桥梁的状态评估和警告管理。采用车辆通行自动触发及定期启动监测的模式进行数据的采集，并开发了桥梁健康监测软件 HNHM，包括数据采集、数据预处理、模态参数识别、桥梁运营性能及结构性能判定等功能模块，借助于移动加载所得桥梁跨中挠度差影响线的曲率，实现了桥梁局部损伤识别，用于中小型梁式桥梁运营状态的评估。客户可获得该软件所租用或者购买版本的使用权，据此为桥梁管理单位提供损伤检测、监测服务。其相对于同领域的传统定位方式，其定位一座梁式桥损伤至少需要 1d，但我司的产品仅需要 1h，这极大地缩短了交通中断的时间，并且减少了梁式桥检修维护期间所造成损失。同时，我司研发的产品运行检修的花费也是极少的，仅仅需要一个挠度测点和一辆货车，配合我司产品，即可实现梁式桥损伤定位。与其他损伤识别系统相比,该系统简单易行,投入少且损伤识别效率高。

2)数据分析存储与监测服务

随着互联网和计算机网络技术的飞速发展,网络技术已经成为当今信息传输的主流模式。为方便客户使用本产品,本公司采用了数据库和数据更改等便利性模块,结合健康监测云平台和云储存技术。可实现快速高效的异地监诊,同时大范围共享诊断资源,形成丰富的诊断数据库和诊断知识库。具有缩短结构修复时间、节约人力物力、降低维修成本、提高服务质量、增强产品服务竞争力等优势。

① 稳定高效的桥梁健康监测云平台

云平台是一整套软件系统,内容主要包括监测数据的存储、通信、查询、预处理、计算分析,桥梁项目、用户数据、监测设备的数字化管理以及 PC 端的可视化界面等,技术架构见图 5-24。这些内容环环相扣,其中一个环节处理不当就会造成局部或整个云平台出现异常甚至瘫痪,尤其是桥梁所用监测传感器数量较多,涉及高频的数据采集、上传与存储,这对云平台的稳定运行提出了更高要

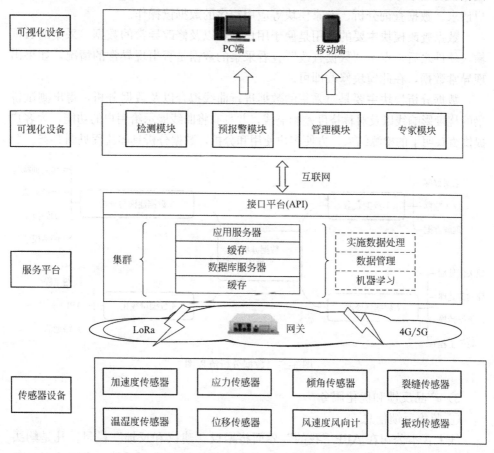

图 5-24 桥梁健康检测云平台总体技术架构图

求。因此，云平台通过模块式设计划分为多个子模块，各子模块之间互不影响。另外，云平台采用多重测试保障、定期维护升级等手段设计优化，以满足后续新增的项目需求，保障云平台长期、稳定、高效运行。

② 海量传感器数据的存储与分析

对桥梁进行实时、连续状态的监测时，从长期来看，数据采样频率整体较高，单位监测周期内生成的数据量较大，经过一定的时间积累，将产生海量数据。对海量数据及时高效地分析是实现桥梁状态及时反馈和损伤预警的关键。而海量数据的存储与分析对云平台提出了更高要求，需要云平台的服务器能够支持高速、大容量数据存储以及计算工作。结合云存储技术，本桥梁健康监测云平台主要使用 3 台云服务器配置 MongoDB 集群，1 个主库，2 个副库。副库为主库的副本集，相当于主库数据的备份。另外，只有主库拥有写操作，副库只有读权限，以实现数据库的读写分离，进一步提高数据库的吞吐量、可靠性和稳定性。主库主要用于存储桥梁监测传感器的数据，副库进行同步备份。副库主要用于用户请求、数据查询分析、专家模块等应用程序的数据读操作。

数据查改模块主要的作用是便于用户查看以及修改异常的数据。采集的数据输入软件之后，点击"数据查改"查看采集的数据是否出现异常的情况，如果出现异常数据，在此模块修改即可。

数据分析模块主要是对采集的数据进行曲线拟合以及数据分析，得出测试桥梁的挠度影响线以及对称挠度差影响线，并具有将曲线展示给用户的功能，为客户提供直观明了的检测结果，方便客户使用和分析，数据分析具体流程见图 5-25。

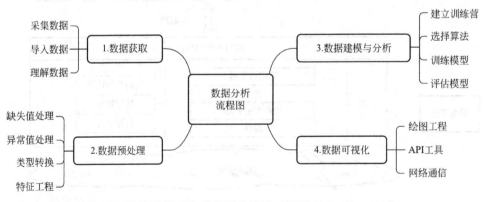

图 5-25　数据分析流程图

3）产品反馈和优化服务

① 收集反馈信息

线上：本公司在 APP"我的"界面将增设"建议和反馈"栏目。凡是购买和使用本产品的客户，可以直接在本产品内部该栏目进行反馈。在"反馈与建议"看到提交之后，就会形成一个工单，实时地反映当前情况，即"已提交""预审通过""已采纳""已实现"等几个回馈，从而形成信息闭环。所有的建议其他用户也都是可以看到的，所有人（包括管理员）可以进行反馈、评论、投票等操作。

线下：在客户进行线下反馈之后，工作人员要进行详尽的记录，将客户反馈的问题及时向相关负责人员反映，要及时有效地解决客户反映的问题，并且安排工作人员对客户进行回访，为客户提供贴心到位的服务，确保与顾客形成长期有效的商业往来。

② 优化产品

本公司将对客户的反馈信息进行汇总分析并对产品系统进行更新优化，更加贴合客户的实际使用，提升产品的市场竞争力。预期本产品达成的效果是打破普通科技项目的传统客户关系，建立属于自己的新型顾客关系，确保与顾客形成长期有效的商业技术往来。

6. 项目创新点及研究成果

（1）项目创新点

基于挠度差影响线的曲率，提出了连续梁式桥局部损伤识别方法，该方法借助于车辆移动加载所得桥梁跨中挠度差影响线的曲率，实现了桥梁局部损伤识别。该研究成果解决了其他检测方法测点数量多、效率低、对局部损伤不敏感的难题，为梁式损伤检测提供了一种经济高效的局部损伤识别方法，大大缩短了交通中断的时间。

通过在装配式桥梁上部结构现浇接缝内预理振弦式应力计，可以高效快捷经济地获得桥梁整体的振动频率，实现了对桥梁的长期健康监测。

（2）项目研究成果

1）以结构力学虚功原理为理论背景，进行连续梁对称挠度差影响线公式理论推导，提出了一种连续梁对称挠度差影响线损伤识别的方法。

2）编写连续梁损伤识别软件程序，使得实验数据对监测结果做出直接说明与显示。目前此计算机软件已在国家版权局登记注册。

7. 商业模式

（1）价值主张

现今社会，对中小型桥梁结构的稳定和安全性要求逐渐提高，本公司所提供的服务有以下几个方面的价值：

1）可长期检测中小跨度桥梁的损伤情况，并及时修复，延长使用寿命。

2）数据检测分析寻找损伤部位，精准定位。

3）为有关工程团队提供检测咨询、应用、后续监控等系列服务。

4）依据实地考察，考量设计预期，生产设计产品。

5）初期零利润参与项目，展现实力，提供检测分析服务。

6）产品安装便捷、效果显著，保障结构安全，致力提升桥梁寿命。

（2）收入来源

作为桥梁局部损伤检测技术开发应用和服务的综合公司，可为客户提供数据检测、方案设计、产品销售、售后服务等服务。同时本公司可以针对已完工的项目进行损伤检测服务，并提供监测报告以及解决问题的方案建议。

1）桥梁损伤咨询与检测

本公司可为客户提供桥梁损伤数据的检测与分析、桥梁损伤成因检测及损伤控制解决方案，针对具体情况为客户提出可行性检测修复分析方案进行参考。主要提供以下技术服务：

桥梁损伤检测：进行现场全面实测，分析损伤定位曲线。

局部损伤定位：根据测试结果，分析各类损伤起因。

损伤控制：根据损伤原因提供针对性解决方案。

2）产品定制研发

在建筑结构设计期，本项目的检测思路是在装配式桥梁预制梁的现浇接缝（空心板的铰缝、箱梁或 T 梁的湿接缝）中沿纵向安装振弦式应力应变测试元件（在纵向钢筋上安装振弦式钢筋应变计，或者沿纵向安装振弦式混凝土应力计），采用动态应变仪检测记录各测试元件在成桥时和运营期间的动态变化数据，后采用快速傅里叶转换谱分析方法，获得桥梁的各预制梁和整桥的固有振动频率，最后以成桥时桥梁动态测试结果为基础，通过比对运营期内的桥梁动态测试结果，可分析判断桥梁的整体受力性能。公司研发产品安装便捷、无需阻断交通、检测快速精准，可以有效检测桥梁损伤部位以及损伤程度，保障结构安全，提高桥梁寿命。

3）检测效果评估

本公司采用竹皮模拟梁桥的实际受力情况，在跨中放置一个激光位移计，通过将重物放在不同位置加载，使激光位移计在跨中测得的挠度值通过采集器传输到电脑，将采集所得的数据输入具有自主知识产权的软件中快速识别损伤的位置，由结构的对称挠度差影响线，可判断结构是否存在损伤，还可定位结构损伤的大致范围。损伤识别系统采用有效的工具对桥梁结构的完整性进行评估，即试验、计算分析、原始数据收集及其组合，之后通过评估结果，制定解决方案。

（3）成本结构

本项目的成本来源于研发成本、销售费用、管理费用和财务费用等方面。固有成本为产品零部件费用、技术研发费用和产品生产成本。本项目拟定投资 70 万元，动态投资回收期为 1.55 年，项目从第二年开始获得盈利，在未来发展中，将积极深入研究和完善桥梁损伤定位系统，为社会安全以及改变人类生活贡献易安科技的一份力量，并将不断努力，成为行业标杆。

（4）目标客户

本公司市场为多边市场，客户多样，目标客户涉及领域众多，主要有以下几个领域：

1）主要为桥梁有关建设公司和工程团队提供桥梁损伤检测方案设计、参与工程实施以及后续监控。

2）另有身处地震中心、地震带上的中小跨径桥梁，需要定时检测桥梁损伤情况。

3）一些使用年限已久或已有损伤的桥梁，需要检测损伤位置及修复方案的施工场所。

4）相关应力片加工、生产的周边部门和供应商，为他们提供相关产品。

5）为相关桥梁结构研究试验室提供相应检测帮助。

（5）客户关系管理

客户之间发生的关系，不仅包括在单纯的销售过程中所发生的业务关系，还包括如合同签订、订单处理、发货、收款、市场推广过程中与潜在客户发生的关系等。唯有深入做好客户关系管理，及时掌握企业市场环境变化，全面了解企业发展市场，做好市场营销中客户关系管理工作，并制定最优的营销策略，方能获取满意的经济利润。本公司的核心业务是向桥梁行业的相关企业销售梁式桥损伤快速定位系统软件，客户可获得该软件所购买版本的终身使用权，采用该软件为桥梁管理单位提供检测、监测服务。

寻找真正有意义的客户是公司销售战略中的重中之重，我司将利用数据库或者其他信息技术来获得客户信息数据，对于真正有意义的客户，他们关注的是产品的质量、价值等因素，公司要发掘他们的营销偏好和取向，在接触客户的过程中了解其对产品的建议，进而有针对性地完善产品性能。从而有效地吸引客户，打造长久的合作关系。

因此，我公司在培训与合作的过程中也会特别注意培养潜在客户，包括在方案实施及后续服务过程中的关系，对可能发生的各种关系进行全面管理，提升公司的综合能力、降低客户成本，公司会实行一系列计划，来为公司的客户提供更好的服务，创造更大的利润。公司有专门的统计部门对来往客户信息进行登记与统计，通过对客户详细资料的深入分析，从各方面来提高客户满意度。

建立以客户需求为原动力的"拉式"供应链管理，更加重视客户。公司以客户的需求为大前提，通过供应链内各企业紧密合作，有效地为顾客创造更多的附加价值；对原材料供应商、中间生产过程及销售网络的各个环节进行协调；对企业实体、信息及资金的双向流动进行管理；强调速度及集成，并提高供应链中各个企业的即时信息可见度，以提高效率。

在供应链的每一个环节上，通过协同运作保持各种计划的协调一致。同时，销售和营运计划必须能起到监测整个供应链的作用，以使供应链及时发现需求变化的早期警报，并据此安排和调整生产和采购计划。另外，通过新技术的运用，提高业务处理流程的自动化程度，提高企业员工的工作能力，减少培训需求，使整个供应链能够更高效地运转。倾听市场的需求信息，及时传达给整条供应链，通过营销策略和信息技术掌握确切的需求，使得企业供应链上的供应活动建立在可靠的基础上，保持需求与供应的平衡关系。

8. 市场环境分析

现阶段，我国经济已进入中高速发展时期。为了打造便捷的交通圈和物流圈，就必须保证桥梁工程的质量。因此，对老旧桥梁的损伤程度识别定位和对新建桥梁的健康状态监测成为当前面临的一大问题，桥梁检测的任务日益繁重。很多路桥已经长期服役，而且随着时间的推移，出现老化、人为损坏、承载力下降等问题，甚至成为危路、危桥，影响了交通运输的畅通，阻碍经济的平稳发展，对人民生命财产安全造成威胁。所以对道桥的检测和维护是必不可少的。

（1）市场切入点分析

传统的检查方法在一定程度上已经不太适应日新月异的技术发展，新材料、新工艺、新结构形式的采用也越来越多。为了保证桥梁结构的安全使用，桥梁结构的检测工作也日益凸显出它的必要性和重要性，根据对目前现有的市场检测技术的调查，检测市场现存问题及市场切入点归纳如下：

现存问题：

1）没有及时建立有效的行业体系。行业在早期的"大干快上"，积累不少质量问题。

2）没有形成一套有效且实用的理论体系。

3）抽检难以全面覆盖，检测质量不能令人满意。

4）专业的检测人才相对紧缺。

5）基础研究不足制约检测行业的发展。

市场切入点：

1）"一条龙"服务，从桥梁检测、加固设计，再到加固施工的全套服务，形成具有自身特色的检测养护加固新模式，解决好资金分配、科研和管理提升等方面的问题。

2）桥梁检测的定期检查服务，对检测技术人员进行定期培训，不断提升桥梁检测及养护水平和专业化技术水平。

3）采取智能化检测，检测信息互联网化，智能检测设备轻型便捷、图像化、智能化。

4）技术成熟后可以与检测类公司进行合作，实现当前检测技术的信息化与智能化。

（2）市场规模分析

本项目研究的梁式桥损伤快速定位行业上游主要包括应变片、位移计等行业，下游主要包括桥梁养护，桥梁建设等行业，见图 5-26。

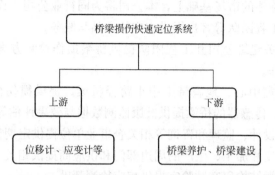

图 5-26　梁式桥损伤快速定位的市场规模分析

通过调查，2021 年全球应变片市场销售额达到了 2 亿美元，预计 2028 年将达到 2.6 亿美元，2022 年至 2028 年的年复合增长率（CAGR）为 4.3%。而中国是全球最大的应变片市场，市场份额达到了 26%，其次是北美和欧美地区。而位移计也在政府的大力支持下，发展前景广阔。综上，梁式桥损伤快速定位行业的上游行业供应充足，下游市场需求较大。有利的市场环境，使得我国梁式桥损伤快速定位行业进入了较快的发展阶段。

（3）竞争环境分析

本公司可进行中小跨径桥梁局部快速损伤定位检测咨询、中小跨径桥梁局部快速损伤定位检测、线上产品设计注册、安装与售后等服务，服务类型多样且全面。团队的核心成员来源于高校、依托于高校，具有敏锐的洞察力以及市场分析能力，能够第一时间收集项目的各方面信息，并针对这些信息及时做出专业的市场空间分析，明确市场营销计划，尽最大可能规避投资风险。身为技术创新项目，公司在技术创新方面会不断突破，更加注重产品的创新性与实用效果，为客户带来更好的使用体验。

（4）产品优势分析

本产品相对于同领域的传统定位方式，其定位一座梁式桥损伤至少需要 1d，但本公司的产品仅需要 1h，这极大地缩短了交通中断的时间，并且减少了梁式桥检修维护期间所造成的损失。同时，我司研发的产品运行检修的花费也是极少的，仅仅需要一个挠度测点和一辆货车，配合我司产品，即可实现梁式桥损伤定位。并且客户可进行线上业务办理，在线咨询，在线报价核算，更加方便快捷，后续还将提升产品的图像化、智能化，不断更新升级。

9. 营销分析

（1）营销战略规划

1）目标市场

客户分析：

在现有损伤检测的市场基础上，本公司将为同行业公司、设计院相关技术人员以及社会上的工程团队等客户提供相应的产品与服务。

① 为桥梁有关建筑公司和工程团队提供桥梁损伤检测方案、参与工程实施以及后续监控工作。

② 为身处地震中心、地震带上中小跨径桥梁，提供损伤检测及改进方案，为已安装应变计、传感器的桥梁提供健康监测数据与效果评估等服务。

③ 为建设、设计、监理和咨询等相关企事业单位提供定期检测技术讲座。

④ 为相关应变片加工、生产的周边部门和供应商提供相关产品。

⑤ 为相关桥梁结构研究试验室提供相应检测帮助。

潜在市场：

① 目前损伤检测技术的应用领域非常广泛，除了本公司提供的这些产品与服务之外，还有很大的潜在市场。

② 正合作推进损伤检测新技术在互联网平台、结构在线检测系统、智能专家评定系统、健康检测系统等领域的应用和开发。

③ 与相关企业合作开发的智能检测车、智能检测机器人、智能检测传感器等都已进入产品初级构想阶段。

2）营销队伍

为了确保营销策略的顺利实施，加强渠道建设和管理，必须组建一支"能征善战"的营销队伍：确保营销队伍的相对稳定性和合理流动性，全年合格的营销人员不少于3人；务必做好招聘、培训工作；将试用表现良好的营销员分派到各区担任地区主管。本项目对营销人员的要求和管理应明确、规范、清晰、有效，其要点如下：

① 营销队伍的思想品德素质

a. 按要求接受公司的专业培训；

b. 要正确处理企业与客户、企业与竞争对手等各个方面的关系；

c. 爱岗敬业，要有公道正派的思想作风和合作共事的精神。

② 营销队伍的业务素质

a. 树立以客户为中心的现代营销理念；

b. 了解并掌握公司产品的基本情况和理论知识，包括消费者行为学、市场营销学、服务营销学等专业知识；

c. 营销人员要明确考评体系，完成每月相应的任务量。

③ 营销队伍的身体和心理素质

a. 要有良好的身体和心理素质，待人热情、诚恳、性格开朗、善于表达、举止适度、思维敏捷、能较快地适应新环境；

b. 做到"三要"，一要充满自信，二要意志坚定，三要坚持不懈。

3) 营销模式

在互联网时代，本项目将主要采用线上网络销售和线下项目直销两种渠道并举的方式来销售产品。公司将依托科学管理，提高产品质量；加强技术的研发，压低销售价格，扩大消费群体；诚信经营，树立起良好的销售形象；利用代加工模式，节约建厂成本，降低风险，做大做强之后再自建加工厂。

本项目预计每年投入 10 万元左右的广告费用，为施工部门与企业等提供经济、快捷、高效的检测服务，针对部分企业采用"一对一营销"的专属检测服务，逐渐发展品牌营销。

投放广告以介绍服务为主，同时兼顾项目网站、微博、微信平台的经营和推广。同时，积极参与行业内一些展览会，如国际桥梁与隧道技术、国际防灾减灾应急产业博览会，展现实力并与同行交流，掌握行业动态，并在线下设立展厅展示产品及公司荣誉。具体的关系图见图 5-27。

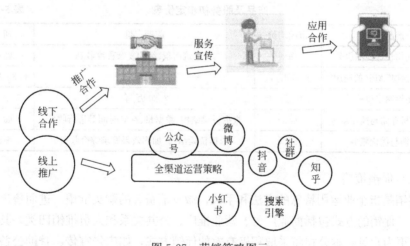

图 5-27　营销策略图示

① 体验式营销

体验式营销为新型营销手段，具有新颖、刺激的特点。本公司体验式营销计划主要体现在以下几个方面：

a. 动画检测介绍

利用一套三维动画仿真软件，模拟桥梁损伤的发展过程，随着车辆、不良环境、地震等因素的施加，桥梁逐渐出现损伤，结合本公司的检测系统，通过挠度差影响线原理进行快速定位，利用软件进行分析后快速得到损伤位置，通过动画形式向客户介绍本公司损伤检测的基本理念。

b. 工地参观

工地是企业的车间，做好对车间的包装宣传，有利于大众对企业的现场管理，增强大众对企业的了解和信任度。了解企业规范严格的现场操作及管理，定期向大众公布企业的优秀施工现场，以大众媒体的形式邀请客户参观工地，做好工地营销。

② 差异化营销

差异化营销是一种非常重要且操作难度比较大的营销模式，首先要找到自身与他人的不同之处，这就要求公司的市场营销人员用心去挖掘，深入市场去体会，从产品整体设计和安装等环节分析各个公司技术侧重点，从施工、保养和维护等细节体现服务态度，从施工人员素养以及项目全过程管理体现专业化，从而凸显本公司产品与服务的优势。

（2）定价策略

根据大量的市场调研，结合近几年的市场行情，公司对产品与服务作出了以下定价，详情见表5-1。

产品及服务初步定价表　　　　　　　　　　　表 5-1

产品名称	市面均价	前期定价	后期定价
局部损伤快速检测服务	面谈	按建筑面积、结构复杂程度收费	面谈
"掌上检损"APP 的应用	0.30 万/次	0.20 万/次	0.35 万/次
损伤检测定位软件	3.00 万/套	2.80 万/套	3.20 万
数据分析存储与监测服务	面谈	根据桥梁结构、数据量、存储时间等进行收费	面谈
反馈与优化服务	面谈	依据桥梁结构、加固效果要求综合收费	面谈

（3）促销策略

促销是指企业运用特殊的方法和手段，激发消费者的购买欲望，进而售出商品的行为。促销的方式包括商业广告、营业推广、公共关系和人员推销四类，其中广告宣传更为常见。本公司将采取积极有效的促销方式，如广告宣传、赞助公益活动等，同时争取与政府签订相关合作协议，利用政府影响力提高项目知名度，打造产业品牌形象。鉴于创业初期行业知名度不高，为此公司将提供免费的科教与培训服务，帮助各企事业单位的建设管理与设计人员了解损伤检测定位技术，从而更好地推广技术。简而言之，就是通过免费服务，增强知名度，打开市场。

对于广告宣传，有以下具体做法：

1）运用报纸杂志等期刊宣传项目优势产品；

2）利用电视广告等宣传项目理念；

3）利用相关学术活动积极推广减隔振技术；

4）利用网站、公众号、微博和微信等新媒体渠道进行企业公关宣传；

5）积极参加国家项目，提高自身品牌实力。

（4）渠道策略

1）依托校友与企业建立销售关系网

团队所在的学校，属于河南省重点支持建设的骨干高校，从建校办学至今为国家输送了大量的专业型人才，这些校友如今都在工作岗位上大有建树，可依托校友资源，形成企业之间的联系纽带，从而建立销售关系网。

2）依托学校企业与相关企业建立销售关系网

团队所在的学院下设河南工程质量检测有限公司，该公司拥有土木工程方面混凝土工程类、岩土工程类、量测类3项甲级检测资质以及金属结构乙级资格，完成过多项重大工程的检测任务，且与多家企业均有良好合作关系。因此，可以依托学校的企业与相关合作企业建立销售关系网。

3）依托互联网拓宽销售渠道

对于外地企业，公司将利用互联网完成在线咨询，报价核算工作，线上直接完成业务的办理；对于本地企业，公司将开设展厅，展示公司的产品，进行线下业务的办理，销售关系及渠道示意图见图5-28。

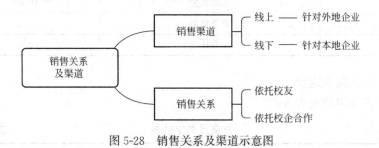

图 5-28　销售关系及渠道示意图

10. 投资分析

（1）股本结构与规模

公司拟定项目注册资本70万元，股本结构和规模见表5-2。

股本结构与规模 表 5-2

单位：万元

股本来源	易安科技有限公司（自筹）	A 集团	风险投资
金额	39.2	12.6	18.2
比例	56.00%	18.00%	26.00%

针对公司的整体规划，现需启动资金总额70万元。股本结构中，自筹资金39.2万元，占总注册资本的56.00%；另外，引入A集团为战略合作伙伴，投资

12.6万元，占总注册资本的18.00%。风险投资方面，公司打算引进1-2家风险投资公司共同入股，投资18.2万元，占总注册资本的26.00%，以便于筹资，化解风险，并为以后公司扩大规模做准备。

河南高校毕业生自主创业享受政府扶持，预计7.5万元，初次创业的毕业2年以内高校毕业生或毕业学年高校毕业生补助每人5000元，因此政府补贴共15万元，包含在自筹资金中。

资金主要用于支付技术研发与设备费用以及员工工资及其他各类费用等。办公地点为某大学大学生创业园，四年内不收取房租费用。

资金使用明细表见表5-3。

资金使用明细表　　　　　　　　　　　　表 5-3

单位：万元

序号	项目	金额
1	市场调研费	2.00
2	办公用品	3.00
3	研发启动资金	30.00
4	设备费用	10.00
5	流动资金	10.00
6	预备资金	5.00
7	合计	60.00

（2）产品服务定价

产品服务定价见表5-4。

产品服务定价表　　　　　　　　　　　　表 5-4

销售梁式桥损伤快速定位系统软件	3.0 万/套
"掌上检损"APP 的应用	0.3 万/次
局部损伤快速检测服务	具体协定
数据存储服务	具体协定

（3）投资收益与风险分析

基本假设：第一种方案：公司投资环境优良，且自毕业之日起一年之内的应届毕业生到工商部门办理证照，自工商部门批准经营之日起，1年内免缴个体工商户登记注册费（包括开业登记、变更登记、补换营业执照及营业执照副本）和个体工商户管理费、集贸市场管理费、经济合同鉴证费、经济合同示范文本工本费等。第二种方案：当年安置待业人员（含已办理失业登记的高校毕业生，下同）超过企业从业人员总数60%的，经主管税务机关批准，可免纳所得税3年。

由于该公司被有关部门认定为高新技术企业，有10%的企业所得税减免，从第四年开始暂按利润15%征收企业所得税。相比之下，第二种优惠力度更大。公司组建顺利，设备、原材料供应商的信誉良好，设备到货、安装、调试在两个月内完成，在第一年能够开始正常运行，且公司的产品生产与销售能够实现良好的衔接。企业运行期间能保证较高质量的产品与服务质量，产品适销对路。

团队依据公司的现实基础、当前实力、发展潜力以及业务发展的各项计划，本着求实、稳健的原则，按照会计法律、国家统一的会计制度等相关法律法规，遵循财政部颁布的新会计准则，通过调查分析对本项目的投资可行性进行研究。为更好地为投资者作参考，以下从投资净现值、投资回收期、内含报酬率三个方面作分析，投资现金流量见表5-5：

投资现金流量表　　　　　　　　　　　　　表 5-5

单位：万元

现金流量项目	建设期	第一年	第二年	第三年	第四年	第五年
研发启动资金	−30.00	—	—	—	—	—
流动资金	−15.00	—	—	—	—	—
营业收入	—	230.00	308.00	414.50	505.85	619.81
一固定成本	—	120.62	120.62	120.62	120.62	120.62
一变动成本	—	92.00	134.00	195.80	268.13	326.70
一税金及附加	—	1.27	1.85	2.89	3.30	4.02
税前利润	—	16.91	63.41	143.01	164.56	223.55
一税收	—	0	0	0	17.07	25.27
税后利润	—	16.91	51.53	95.19	96.73	143.19
折旧	—	9.50	9.50	9.50	9.50	9.50
无形资产摊销	—	2.00	2.00	2.00	2.00	2.00
净现金流量	−55.00	28.41	74.91	154.51	150.10	200.24
净现值（折现系数10%）	−55.00	25.83	61.91	116.09	102.52	124.33

1）投资净现值

综合分析本行业相关市场的收益率均值以及必要报酬率，假定基本收益率为10%，则：

$NPV = -60 + 25.83 + 61.91 + 116.09 + 102.52 + 124.33 = 370.68$（万元）

由于净现值大于零，故该方案可行。

2）投资回收期

假设项目基准投资回收期为3年，通过净现金流量、折现率等来计算动态投资回收期。其公式为：$Pt^* =$（累计净现金流量现值出现正值的年数−1）＋（上一年累计净现金流量现值的绝对值/出现正值年份净现金流量的现值），累计净现值见表 5-6。

累计净现值表　　　　　　　　　　　　　　　**表 5-6**

单位：万元

	建设期	第一年	第二年	第三年	第四年	第五年
累计净现值	−60.00	25.83	61.91	116.09	102.52	124.33

动态投资回收期＝(2−1)＋｜−34.17｜÷61.91＝1.55（年）

即项目投产后获得的收益总额达到该投资项目投入的投资总额所需要的时间为 1.55 年，小于 3 年的基准投资回收期，故该方案具有可行性。

3）内含报酬率（*IRR*）也称内部收益率，其求解公式为：

$$NPV(IRR) = \sum_{i=1}^{n} (CI - CO)(1 + i)^{-i} = 0 \tag{5-41}$$

设 i1＝90％，i2＝88％

$NPV_1 = -60 + 25.83 \times (P/F，90\%，1) + 61.91 \times (P/F，90\%，2) + 116.09 \times (P/F，90\%，3) + 102.52 \times (P/F，90\%，4) + 124.33 \times (P/F，90\%，5) = 0.56$（万元）

$NPV_2 = -60 + 25.83 \times (P/F，88\%，1) + 61.91 \times (P/F，88\%，2) + 116.09 \times (P/F，88\%，3) + 102.52 \times (P/F，88\%，4) + 124.33 \times (P/F，88\%，5) = -11.27$（万元）

内插法可得 *IRR*＝91.91％。由于净现值大于零，且目前资金成本较低，以及资金的机会成本和投资的风险性等因素，*IRR*＝91.91％，超过设定的 10％，因此该项目是可行的。

（4）弹性分析

假定售价在 3 万元的情况下，可以售出的系统为 60 套，在价格变动的情况下，需求的变动以及需求价格弹性见表 5-7。

需求的价格弹性表　　　　　　　　　　　　　　**表 5-7**

需求 Q（单位：套）	价格 P（单位：万元/套）	需求价格弹性系数 ED
78	2.70	−3
69	2.85	−3
54	3.15	−2
48	3.30	−2

根据需求价格弹性系数可知，当价格在−10％～10％之间的变化率波动时，需求价格弹性始终小于 1，为低弹性商品。且根据市场调查，近几年价格波动比例介于−10％～10％之间，企业能够承担价格变动带来的可能风险，因此投资可行。

（5）投资可行性分析

综上所述，公司的投资净现值 $NPV=370.68$ 万元 >0；公司的投资回收期为 1.55 年，小于 3 年的基准投资回收期；内含报酬率 $IRR=91.91\%$，大于设定的内部收益率 10%；符合要求，说明该项目投资是可行的。

11. 财务分析与预测

（1）主要财务假设

1）本公司执行《企业会计准则》和《企业会计制度》及其补充规定，遵从《中华人民共和国企业所得税法》等相关法律。

2）假设公司的年末应收账款占季度销售收入的 30%，假定当季度的应收账款能在下季度初全额收回，不考虑坏账。

3）本项目以技术入股的无形资产按 20 年摊销；使用设备等固定资产使用寿命为 10 年，期末无残值，按年限平均法折旧。

4）公司计提法定盈余公积比例为 10%；公司从第二年开始计提任意盈余公积，比例为 4%，计提依据均为净利润。

5）当年安置待业人员（含已办理失业登记的高校毕业生，下同）超过企业从业人员总数 60% 的，经主管税务机关批准，可免纳所得税三年。公司被有关部门认定为高新技术企业，有 10% 的企业所得税减免，从第四年开始暂按利润 15% 征收企业所得税。

6）郑州政策：大学生自主创办企业或从事个体经营的，根据项目吸纳就业能力、科技含量、潜在经济社会效益、市场前景等因素，分别给予 2 万元至 15 万元资金扶持。初次创业的毕业 2 年以内高校毕业生或毕业学年高校毕业生补助每人 5000 元。每名大学生在校期间可根据创业需要分阶段免费参加创业意识培训、开办（改善）企业培训和创业实训。在省、市、县三级公共创业服务机构建立统一的大学生创业项目库，为高校毕业生和各类创业主体提供项目展示平台和创业项目信息。对毕业年度大学生和毕业 5 年内的高校毕业生创办的实体在创业孵化基地内发生的物业管理费、卫生费、房租费、水电费，3 年内给予不超过当月实际费用 50% 的补贴，年补贴最高限额 10000 元。

7）考虑到电子服务平台持续发展、推广活动和改进用户体验的需要，公司组建自己的技术团队，负责电子商务平台及网站的建设、更新和维护。在公司发展的成熟期，技术团队将负责移动电子服务技术的开发。

8）假设公司组建顺利，设备、原材料供应商的信誉良好，且企业运行期间能保证较高质量的产品与服务质量，产品适销对路，公司预测未来五年在第一年实现销售量 60 套的情况下，第二年和第三年销售量可实现 30% 的增长，第四年和第五年由于公司发展到一定的规模，在市场上占据的份额逐步稳定，因此公司预测第四年和第五年可实现 20% 的增长。

（2）销售预算

根据市场调研及未来五年的行情预测，对公司销售情况进行预测，销售预测见表 5-8。

销售预测表　　　　　　　　　　　　表 5-8

		第一年	第二年	第三年	第四年	第五年
梁式桥损伤快速定位系统	销售量（套）	60.00	90.00	135.00	162.00	194.40
	销售单价（万元/套）	3.00	3.00	3.00	3.00	3.00
	销售额（万元）	180.00	270.00	405.00	486.00	583.20
其他服务（万元）		50.00	65.00	84.50	109.85	142.81
销售总额（万元）		230.00	335.00	489.50	595.85	726.01

注：由于其他产品及服务需根据具体情况分析定价，且市场不确定性很高，现根据已有的同类服务的市场调查及未来市场预测，在表中给定销售额进行计算。

（3）成本费用预算表

本着谨慎性和重要性的会计原则，公司细致考虑了可能的成本费用，选取经常性科目列支，同时还通过网络查询、日常观察了解各项费用的价格或费率，人员配备及薪金情况见表 5-9，成本费用表见表 5-10。

人员配备及薪金情况表　　　　　　　　　　　表 5-9

人数　　年份及月薪 类别	第一年	第二年	第三年	第四年	第五年	第一年月薪（万元/人）	合计（万元）
总经理	1	1	1	1	1	0.70（此后每年增加 0.1 万元）	54
副经理	2	2	2	2	2	0.60（此后每年增加 0.08 万元）	91.2
部门经理	8	8	8	8	8	0.50（此后每年增加 0.05 万元）	288
研发人员	5	5	5	5	5	0.53（此后每年增加 0.03 万元）	177
销售人员	5	5	6	6	6	0.48（此后每年增加 0.03 万元）	182.52
每年合计	131.4	142.92	160.92	172.8	184.68	—	792.72

成本费用预算表　　　　　　　　　　　　　　　　表 5-10

单位：万元

类别	具体项目	第一年	第二年	第三年	第四年	第五年
营业成本	服务人员薪酬	55.00	90.00	130.00	200.00	250.00
	其他业务成本	4.72	11.72	27.76	30.09	38.66
销售费用	销售人员薪酬	28.80	30.60	38.88	41.04	43.20
	广告费	10.00	10.00	10.00	10.00	10.00
管理费用	固定资产折旧费	1.00	1.00	1.00	1.00	1.00
	无形资产摊销	2.00	2.00	2.00	2.00	2.00
	管理人员薪酬	70.80	82.32	90.24	98.16	106.08
财务费用		0.00	0.00	0.00	0.00	0.00
研发费用		31.80	33.60	35.40	37.20	39.00
总计		204.12	261.24	335.28	419.49	489.94

（4）利润表预算

在销售预测成立的情况下，刨除各项成本费用，并将研发支出结转为当期管理费用，可得预计利润，将预计利润进行统计，见表 5-11。

预计利润表　　　　　　　　　　　　　　　　　　表 5-11

单位：万元

年度	第一年	第二年	第三年	第四年	第五年
一、营业收入	230.00	335.00	489.50	595.85	726.01
营业成本	59.72	101.72	157.76	230.09	288.66
营业税金及附加	1.27	1.85	2.71	3.30	4.02
销售费用	38.00	40.6	48.88	51.04	53.2
管理费用	105.6	118.92	128.94	138.36	148.08
财务费用	0.00	0.00	0.00	0.00	0.00
资产减值损失	—	—	—	—	—
加：公允价值变动损益(损失以"—"填列)	—	—	—	—	—
投资收益(损失以"—"填列)	—	—	—	—	—
二、营业利润	25.41	71.91	151.51	173.06	232.05
加：营业外收入	—	—	—	—	—
减：营业外支出	—	—	—	—	—
其中：非流动资产处置损失	—	—	—	—	—
三、利润总额	25.41	71.91	151.51	173.06	232.05
减所得税费用	0.00	0.00	0.00	25.96	34.81
净利润	25.41	71.91	151.51	147.10	197.24

（5）资产负债表

本项目预计资产负债表如下，见表5-12。

预计资产负债表　　　　　　　　　　　　　　　　表 5-12

单位：万元

资产	第一年初	第一年末	第二年末	第三年末	第四年末	第五年末
流动资产						
货币资金	20.00	54.08	107.00	205.62	270.29	425.04
应收账款	0.00	1.21	6.75	9.58	11.46	15.45
存货	0.00	0.00	0.00	0.00	0.00	0.00
流动资产合计	20.00	55.29	113.75	215.2	281.75	440.49
非流动资产						
固定资产净值	10.00	9.00	8.00	7.00	6.00	5.00
无形资产	40.00	38.00	36.00	34.00	32.00	30.00
非流动资产合计	50.00	47.00	44.00	41.00	38.00	35.00
资产合计	165.00	208.21	280.43	361.37	430.41	565.95
负债和所有者权益						
流动负债						
应付账款	0.00	18.60	27.67	55.87	93.85	195.36
流动负债合计	0.00	18.60	27.67	55.87	93.85	195.36
非流动负债						
非流动负债合计	—	—	—	—	—	—
负债合计	0.00	18.60	27.67	55.87	93.85	195.36
股东权益						
实收资本	70.00	70.00	70.00	70.00	70.00	70.00
资本公积	—	—	—	—	—	—
盈余公积	—	1.37	9.35	20.27	24.25	32.69
未分配利润	—	12.32	50.73	110.06	131.65	177.44
股东权益合计	70.00	83.69	130.08	200.33	225.90	280.13
负债和权益合计	70.00	102.29	157.75	256.20	319.75	475.49

（6）财务指标分析

本项目财务指标分析表与趋势分析图分别如表5-13和图5-29所示：

比率与趋势分析表　　　　　　　　　　　　　　　　　　　　　　　　**表 5-13**

	第一年%	第二年%	第三年%	第四年%	第五年%
流动比率	2.97%	4.11%	3.85%	3.00%	2.25%
销售净利率	11.05%	21.47%	30.95%	24.69%	27.17%
总资产净利率	29.50%	55.31%	73.20%	51.08%	49.61%
总资产周转率	2.67%	2.67%	2.67%	2.67%	2.67

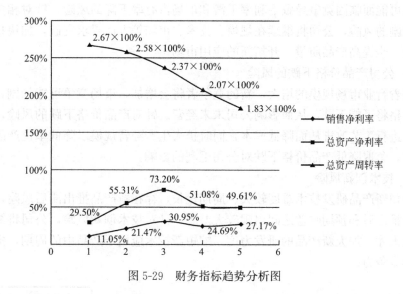

图 5-29　财务指标趋势分析图

1) 一般经验认为，流动比率应在 200% 以上，流动比率越高，说明企业资产的变现能力越强，短期偿债能力亦越强。本公司前五年的流动比率均高于200%，可见本公司短期偿债能力较强。

2) 销售净利率在第二年和第三年增长较为迅速，自第四年起增长呈稳定态势，可见公司获利水平稳步增长，盈利能力较强。

3) 总资产报酬率较高，说明公司资产运用效果较好，盈利能力强。

4) 总资产周转率用来衡量资产投资规模与销售水平之间配比情况，一般来说，总资产周转率越高，说明资产投资的效益越好。经测算，本公司总资产周转率较高，公司的营运能力较强。

综上所述，公司预测财务运行正常，向较好态势逐步稳定发展。

12. 风险分析与退出机制

任何项目都存在着风险，如何有效地预防并控制尽可能多的风险是项目探讨之初应该关注的重要方面。在融资方面，风险投资弥补了传统资本市场对中小高科技企业金融支持的不足。在风险投资过程中吸引投资者从事风险投资的最主要原因是带来的高回报，为了实现高回报，必须有一种安全可靠的投资退出机制提供安全保障。风险投资在现代经济中具有举足轻重的作用，选择合适的方式退出是风险投资成功的关键，风险资金退出的成功与否关键取决于公司的业绩和发展前景。

（1）风险分析（图5-30）

1）梁式桥损伤快速定位系统市场竞争加剧的风险

随着支持政策不断出台，梁式桥损伤快速定位系统市场竞争将会逐步加剧，本公司可能面临因竞争导致毛利率下滑和市场占有率下降的风险。针对相关市场竞争加剧的风险，公司将继续在规模、技术、市场等方面寻求突破，加快技术创新，进一步提高产品质量，开拓新的应用市场。

2）公司产品价格下跌的风险

随着行业市场规模的增大，新的竞争者将会增加，市场竞争可能加剧，公司产品价格将可能下跌，从而影响公司未来经营。针对产品价格下跌的风险，公司进一步进行工艺改进从而降低成本，同时扩大生产经营规模以降低单位产品的固定成本，争取降低产品价格下跌对公司毛利的影响。

3）技术创新风险

公司新产品研发技术难度较大、周期较长，存在新产品推出滞后风险，导致新产品推出后和预期收益之间出现较大差距。针对技术创新风险，公司将继续引入专业人才，加大新产品的研发力度，缩短新技术应用于产品中的周期，提高公司持续竞争力。

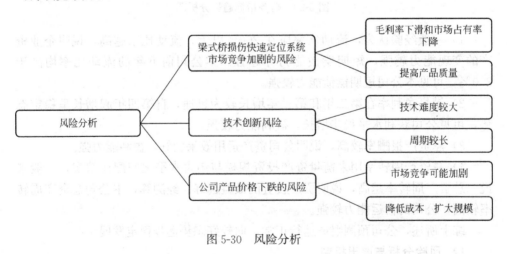

图5-30　风险分析

（2）资金退出机制

风险投资的退出机制是风险投资运营过程的最后，同时也是至关重要的环节。风险投资的退出机制是否完善有效，退出方式的选择是否适当，是决定风险投资能否获得成功的关键所在。风险投资的退出方式有多种：股份公开上市（IPO）、借壳上市、出售或收购和破产清算等，见图 5-31，以下简要对比几种可能的方案：

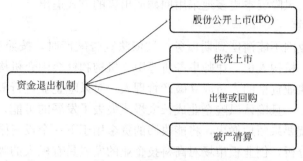

图 5-31　资金退出机制

1) 股份公开上市（IPO）

股份公开上市（IPO）是指风险投资者通过风险企业股份公开上市，将拥有的私人权益转换成为公共股权，在获得市场认可后，转手以实现资本增值。因企业在证券市场公开上市可以让风险资本家取得高额回报，所以股份公开上市被认为是风险投资最理想的退出渠道。股票公开交易主要可分为主板市场交易和创业板市场交易。主板市场是针对具有一定业绩的大中型企业而设，注重上市公司的资本规模与既有业绩水平，为该企业实现规模的扩张提供融资途径；创业板市场旨在为那些处于成长型、创业期、科技含量比较高的中小企业提供一个利用资本市场发展壮大的平台。

2) 借壳上市

借壳上市就是通过收购、资产置换等方式取得已上市公司的控股权，该公司就可以以上市公司增发股票的方式进行融资，从而实现上市的目的。借壳上市一般都涉及大宗的关联交易，为了保护中小投资者的利益，这些关联交易的信息均需要根据有关的监管要求，充分、准确、及时地予以公开披露。与一般企业相比，上市公司最大的优势是能在证券市场上大规模筹集资金，以此促进公司规模的快速增长。因此，上市公司的上市资格已成为一种"稀有资源"，所谓"壳"就是指上市公司的上市资格。由于有些上市公司机制转换不彻底，不善于经营管理，其业绩表现不尽如人意，丧失了在证券市场进一步筹集资金的能力，要充分利用上市公司的这个"壳"资源，就必须对其进行资产重组，借壳上市就是更充分地利用上市资源的一种资产重组形式。

3) 出售或回购

股份出售是指一家一般公司或另一家风险投资公司，按协商的价格收购或兼并风险投资企业或风险资本家所持有的股份的一种退出渠道，也称为收购。股份出售分两种：一般购并和第二期购并。一般购并主要是指公司间的收购与兼并；

第二期购并是指由另一家风险投资公司收购，接受第二期投资。股份回购是指风险企业或风险企业家本人出资购买风险投资企业家手中的股份。随着兼并的第五次浪潮的开始，风险资本更多地采用回购或出售的方式退出。

4）破产清算

当风险企业因不能清偿到期债务，被依法宣告破产时，按照有关法律规定，组织有关部门、机构人员，律师事务所等中介机构和社会中介机构中具备相关专业知识并取得执业资格的人员成立破产管理人，对风险企业进行破产清算。对风险资本家来说，一旦确认风险企业成长太慢或失去了发展的可能，不能给予预期的高额回报，就要果断地撤出，将能收回的资金用于下一个投资循环。

基于上述分析，创业板市场对高科技企业的发展具有极大的吸引作用，未来本公司的资本退出拟采用公开上市中的创业板市场上市方式来进行风险资本的退出。

13. 公司管理

（1）公司组织形式

公司组织形式见图 5-32。

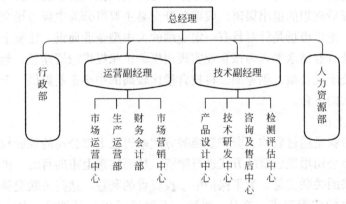

图 5-32 公司组织形式

（2）部门职责分配

总经理：负责公司的日常经营事务，决定部门经理的人选，协调各部门之间的关系，总揽全局，直接管理行政部和人力资源部。

行政部：负责贯彻公司领导指示。做好上下联络沟通工作、及时向总经理反映情况、反馈信息、档案管理、印鉴管理、办公及劳保用品管理、库房管理、公文打印管理、考勤管理八个方面，致力于搞好各部门间相互配合、综合协调工作。

人力资源部：组织建立绩效管理体系，制定相关方案；牵头组织单位各部门进行绩效考核并予以指导和监督，协助总经理室对各部门负责人的考核；做好考核结果的汇总、审核和归档管理等工作；做好劳动合同管理、劳动纠纷处理和劳动保护工作。

技术副经理：负责公司技术相关事务，保证公司核心技术得到稳定高效的研发，管理产品设计中心、技术研发中心、咨询预约中心、检测评估中心。

运营副经理：负责公司生产运营相关事务，保证公司生产稳定、运营高效，管理市场运营中心、生产运营部、产品设计中心、市场营销中心。

市场运营中心：根据公司年度经营目标和计划，进行业务需求和市场分析，制定公司年度、季度、月度发展规划、营销策略和实施方案等；建立与完善市场运营管理中心各项规章制度并落实执行；负责市场拓展、运营的全面工作。

生产运营部：合理地组织公司产品生产过程、综合平衡生产能力、科学地制定和执行生产作业计划、加强安全生产教育、开展积极的调度工作，以实现用最少的投入达到最大产出的管理目的。并负责供应商对账，发票及对账单据的核对及录入提交。

财务会计部：负责公司资金的筹集、使用和分配，如财务计划和分析、投资决策、资本结构的确定，股利分配等。负责日常会计工作与税收管理，每个财政年度末向总经理汇报本年财务情况并规划下一年的财务工作。

市场营销中心：负责公司市场的调查、市场分析，决定公司的营销战略和营销计划、把握市场动向、组织实施市场监控、市场评估等工作；对外联络协调工作，对内协调工作，如加强供、产、销各部门间的信息沟通与合作。同时还负责礼宾接待工作。

产品设计中心：根据公司产品及用户需求，结合市场调研情况，进行产品规划；负责用户沟通、需求分析诊断；负责产品定位、用户体验流程定位及产品设计；推动、协调与控制产品策划及研发工作，保证产品需求的有效实现；负责产品持续升级，不断提升用户满意度及忠诚度。

技术研发中心：负责产品的研究与开发工作，拓展产品线的广度和深度；负责新技术的研发和促进；负责部分产品售后技术支持。

咨询及售后中心：及时为来咨询的客户解答，并提供全面的售后服务，此工作需要多方技术人员共同合作解决。

检测评估中心：在客户预约下单后，由该中心人员进行实地检测，完成测量工作。

（3）公司规章制度

1）公司章程

为加强公司的规范化管理，完善各项工作制度，促进公司发展壮大，提高经济效益。根据国家有关法律、法规及公司章程的规定，特制订本公司管理制度。

① 全体员工必须遵守公司章程，遵守公司的各项规章制度和决定。

② 禁止任何部门、个人做有损公司利益、形象、声誉或破坏公司发展的事情。

③ 通过发挥全体员工的积极性、创造性和提高全体员工的技术、管理、经营水平，不断完善公司的经营、管理体系，实行多种形式的责任制，不断壮大公司实力和提高经济效益。

④ 鼓励员工积极参与公司的决策和管理，鼓励员工发挥才智，提出合理化建议。

⑤ 考勤制度

a. 为加强考勤管理，维护工作秩序，提高工作效率，特制定本制度。

b. 公司员工必须自觉遵守劳动纪律，按时上下班，不迟到，不早退，工作时间不得擅自离开工作岗位，外出办理业务前，须经本部门负责人同意。

c. 周一至周五为工作日，周六、周日为休息日。公司机关周末和夜间值班由行政部统一安排，市场营销中心、技术研发中心、结构事务部、振控咨询中心等部门的周末值班由各部门自行安排，报分管领导批准后执行。因工作需要周日或夜间加班的，由各部门负责人填写加班审批表，报分管领导批准后执行，节日值班由公司统一安排。

d. 制定请假销假制度。员工因私事请假1天以内的（含1天），由部门负责人批准；3天以内的（含3天），由副总经理批准；3天以上的，报总经理批准。副总经理和部门负责人请假，一律由总经理批准。请假员工事毕向批准人销假。未经批准而擅离工作岗位的按旷工处理。

e. 上班时间开始后5分钟至30分钟内未到班者，按迟到论处；超过30分钟以上者，按旷工半天论处。提前30分钟以内下班者，按早退论处；提前30分钟以上下班者，按旷工半天论处。

2）企业文化建设

企业文化，是一个企业文明程度的反映，也是企业综合竞争力的源泉之一。企业文化建设是理性改良和感性突破的结合，是一种平衡。文化建设本质上应拒绝浮躁，但实践中也需要感性的突破，用绚丽的表象点燃起员工的激情。

所谓理性改良，意味着要通过各种制度安排和组织建设，搭建员工事业平台。所谓感性突破，意味着应该通过或激励或温暖人心的各种活动，迅速进入一种文化的氛围。感性呼唤，理性给予，建立起员工对企业文化的信心，从而完成自我的革新。公司虽然在各方面取得了一定的成绩，但是要想在激烈的市场竞争中取胜，实现公司的创新式发展，就必须建立良好的企业文化理念，积极推进文化强企战略，努力用先进的企业文化推动公司的发展。为此，特制定本实施方案。

① 指导思想

为激发公司创新力，提高员工凝聚力，完成企业的创新发展规划目标，探索出一条符合公司实际情况的企业文化建设思路，经公司研究确定，以"创新、服务、活力"为公司企业文化的指导思想，通过挖掘员工创新思维、弘扬公司服务意识和调动员工热情与活力，营造企业整体文化氛围，提升企业整体形象。

② 建设原则

a. 坚持以人为本的原则：把员工视为文化建设的主要对象和企业的最重要资源，始终做到以人为中心，充分了解员工的想法，通过公司全体员工的积极参与，发挥创造精神，企业文化才能健康发展。员工不仅是企业的主体，更是企业的主人，通过调动员工的积极性和创造性，实现员工自身价值的升华和企业蓬勃发展的有机统一。

b. 坚持讲求实效的原则：契合企业当前实际情况，符合企业定位，一切从实际出发，制订切实可行的方案，借助必要的载体，实事求是地进行文化塑造。

③ 规划目标

a. 企业理念：建立具有公司特色的企业理念（如企业宗旨、企业愿景、企业战略等），全体员工对于企业理念应做到熟知熟记，并且能在具体行动中进行实践。

b. 学习体系：构建学习体系，学习借鉴并应用先进的管理模式和理论，学习和吸收先进的科学技术及操作技术，提高全体员工的整体素质。

c. 形象标准：全体员工对于企业形象标准、管理者形象标准、员工形象标准能做到熟知并自觉践行。

d. 行为识别：主要体现在两个方面，一方面是企业内部对职工的宣传、教育、培训；另一方面是对外经营、社会责任等内容。要通过组织开展一系列活动，将企业确立的精神、理念融入企业的实践中，指导企业和员工行为。

④ 具体措施

a. 创建良好的企业文化环境：企业文化环境建设是企业文化落地的重要形式，为使企业文化成为"看得见"的文化，更好地传播公司的核心价值观，引导员工自觉规范言行，采用文化展板、电子显示屏等形式，创建公司员工照片墙，展现员工风采，凸显优秀员工事迹等。

b. 将各项活动作为搭建企业文化的形式载体，全年围绕"服务、创新、活力"的指导思想开展分月活动。

3~5月份定为"创新月"，主要开展专业技能类、学习类、知识类活动，促进员工学习进取，扎实技术基本功，激发员工开拓创新，为生产营造良好的上进协作氛围。举办"技能知识竞赛""辩论比赛""安全生产竞赛"等活动。

6~9月份定为"活力月"，主要开展体育竞技类活动，激发员工活力，增强员工的凝聚力与企业向心力。举办"健康食堂 厨艺大赛""趣味解压运动会""羽毛球比赛""篮球比赛"等活动。

10～12 月份定为"服务月"，主要开展评比和培训类活动，增强员工服务意识，凸显员工优秀品质，树立服务榜样标杆。举办"最美工作照"评选、员工拓展培训等活动。

福利不是简单地发放，而是争取给人以触动。根据工会慰问制度，公司慰问主要包括生育慰问、喜事慰问、丧事慰问、住院慰问、生日慰问、子女慰问、困难慰问。搭建员工"暖心工程"，丰富慰问金、节日礼品的发放形式，给员工送去真正的关怀与温暖。组织符合节日特点的活动，例如三八妇女节开展关爱女性知识讲座、重阳节踏青登高等。通过将文化外化于行的方式，让每位员工都能耳濡目染、潜移默化地接受公司良好企业文化的熏陶，将价值理念内化于心，达成思想共识，使看似无形的企业文化转化为"看得见、摸得着、可操作、可衡量"的视觉文化，在潜移默化中提升了企业品牌形象，进一步提高了企业文化的穿透力和影响力。

(4) 管理模式

公司团队将采用学习型组织管理模式。学习型组织管理模式是通过大量的个人学习，特别是团队学习，形成的一种能够认识环境、适应环境、进而能够能动地作用于环境的有效组织，其是通过培养弥漫于整个组织的学习气氛，充分发挥员工的创造性思维能力而建立起来的一种有机的、高度柔性的、扁平的、符合人性的、能持续发展的组织。在其中，管理者与被管理者的界限变得不再清晰，权力分层和等级差别的弱化，使个人或部门在一定程度上有了相对自由的空间，这种企业管理模式能有效地解决企业内部沟通的问题，但为了增加团队的凝聚力，公司将采用以下几点来加强团队建设：

1) 组建核心层

团队建设的重点是培养团队的核心成员。俗话说一个好汉三个帮，领导人是团队的建设者，应通过组建智慧团或执行团，形成团队的核心层，充分发挥核心成员的作用，使团队的目标变成行动计划，团队的业绩得以快速增长。团队核心层成员应具备领导者的基本素质和能力，不仅要知道团队发展的规划，还要参与团队目标的制定与实施，使团队成员既了解团队发展的方向，又能在行动上与团队发展方向保持一致。

2) 制定团队目标

公司将根据 SMART 原则制定出公司发展前中后期的公司目标，并通过定期的总结和回望来让团队成员有着清楚的自我定位，并由各个分管经理定期分析各个成员的工作状态，并提出相关建议和指导，让团队成员始终清晰地有着正确的自我定位以及奋斗目标。

3) 实行奖惩制度

对表现突出的成员及时给予奖励，并保证公平公正，实现奖惩机制的透明化，让每一个人意识到不断学习的重要性，尽力为他们创造学习机会，提供学习场地，表扬学习进步快的人，并通过一对一沟通、讨论会、培训课、共同工作等方式营造学习氛围，使团队成员在学习与工作中不断突破自己。

4）培养团队精神

团队精神是指团队的成员为了实现团队的利益和目标而相互协作。尽心尽力的意愿和作风。它包括团队的凝聚力、合作意识及士气，要将这种理念落实到团队工作的实践中去。

5.3.2 古桥保护调查研究——以郑州及周边城市古桥为例

该项目获 2021 年第十五届 "挑战杯" 河南省大学生课外学术科技作品竞赛一等奖。项目名称：古桥保护调查研究——从郑州及周边城市古桥为例；参赛学生：张龙、王照、贺倩倩、杨光；指导老师：崔欣、师胜祺、宋智睿。

1. 调查背景及目的

习近平总书记对文化遗产的保护非常重视，并提出 "保护为主、抢救第一、合理利用、加强管理" 的工作方针，要求各相关部门切实加大文物保护力度，推进文物合理适度利用。

中国的桥梁发展有近六千年的历史，据考证可溯源至氏族时期，后又经隋、唐、宋三代的不断发展完善，中国桥梁的发展逐步达到顶峰，而后一千年里我国桥梁发展一直处于落后状态。如今，科技创新能力的不断提升使我国桥梁的建设取得了多项世界之最，同时也为世界桥梁建设提供了丰富的经验和技术。港珠澳大桥的顺利建成，刷新了历史上最长跨海桥梁的世界纪录，习近平总书记将其称为 "圆梦桥、同心桥、自信桥、复兴桥"，这极大地增强了我国桥梁设计师和建筑师的民族自信。

根据中国共产党对青年一代的最新要求，青年应该深入贯彻、了解党和国家的政策与规划，更应从专业角度进行调查和学习。本项目通过实地勘察及书籍查阅等方式对郑州市及周边城市的古桥保存现状进行调查，充分挖掘古桥病害，结合所学专业深入剖析病害背后的影响因素，总结原因，选择有效措施，以引起社会关注，继而提高对这些古桥的保护，弘扬中国古桥文化。

2. 调查情况

本次调查研究对 "古桥" 的定义是于 1840 年之前或 1840 年至 1949 年间、采用传统建筑工艺和建筑材料建成且保存较为完好的桥梁，或于中华人民共和国成立后建造且具有一定地域特色、有纪念和教育意义的桥梁。本次调查以惠济古桥、洛阳桥、熊耳河桥、郑州黄河第一铁路桥为例，对河南省现存部分桥梁进行介绍。

（1）惠济古桥

华水古桥调查研究队前往惠济桥实地调研。惠济桥，位于河南省郑州市惠济区惠济桥村内。距今已有 1000 多年的历史，据史书记载及考古人员研究，桥梁始建于隋唐时期。桥跨结构是由精工细雕的青石砌成的三孔结构，在大运河通济渠的历史画卷上，惠济桥属于浓重的一笔。历史记载，通济渠又称惠济河，其上所筑石桥故称"惠济桥"，而惠济区和惠济桥村皆因此桥而得名。惠济桥遭受到了严重的破坏，整个桥梁黯淡无光，见图 5-33 和图 5-34。现存石拱桥为明代建筑，主桥身一直保留至今，宽 5m，东西长 40m。

图 5-33　遭受破坏的惠济桥

惠济桥经历代重修，于 2009 年 6 月 3 日成为郑州市文物保护单位。随后通济渠郑州段成为第七批全国重点文物保护单位。2013 年惠济桥进行了最新一次的大翻修，修缮后的惠济桥基本还原了当年风采。

图 5-34　拱圈

华北水利水电大学古桥调研队前往惠济桥遗址，对惠济桥进行实地的勘察调研。在现场发现惠济桥桥体外貌表现一般，存在多处损坏，但桥体支撑结构依然牢固，见图 5-33，桥跨组成石材之间的空隙紧密贴合，石材排列平整均匀。近距离观察后发现，桥跨的二个拱圈都是用中国古代典型的榫卯结构进行固定的，桥体因为榫卯结构的受力体系，较大程度上使用石材的抗压性能，至今依旧完好矗立。

（2）洛阳桥

华水古桥调查研究队通过查阅书刊等方式对洛阳桥展开了调查和研究。如今的洛阳桥分为"新洛阳桥与老洛阳桥"。老洛阳桥是洛河上第一座现代桥，位于洛河北的定鼎路和洛河南的龙门大道之间，1955 年 12 月底建成通车。而新洛阳桥建成于 1982 年，双向四车道，属于连续梁桥，新老洛阳桥均于 2010 年再次扩建。

洛阳桥的建设历史。隋炀帝于大业元年（公元 605 年）在洛阳旧城南洛水渡口上建一桥，以铁索构连洛水南北，并隔江对筑四楼。古时皇帝尊称"天子"，渡口称"津"，故名曰"天津桥"。隋朝灭亡时李密一把火将其烧毁，这是历史上天津桥的第一次被毁。后至唐朝，唐玄宗命人在原桥遗址上重建天津桥，此时所建桥梁为石柱桥，又称之为洛阳桥。武则天在执政时期曾命内使李昭德修桥，并借此机会将洛阳桥重新翻修为石桥。北宋时期，重修洛阳桥。洛阳桥在金代再次毁于一场大火，一代名桥至此结束了它的辉煌。近代，在原天津桥桥址的旁边重建了一座双柱式现浇钢筋混凝土墩台简支桥梁，并再次命名为天津桥。1936 年再次重建并以南京国民政府主席名字命名为"林森桥"，1940 年林森桥被冲毁，同年 10 月修复。1944 年国民党第一战区为阻止日军进攻再次炸毁林森桥，仅残存部分墩基和遗迹。

如今洛河之上有"新老洛阳桥"两座桥梁，两座桥梁均于 2010 年改建，给交通带来了极大的便利，在洛水之上一同形成了双桥飞虹的景象。它反映了新中国成立初期洛阳人民努力前行的喜悦心情，也是洛阳人民以饱满的激情回报祖国的真实写照，更是改革开放后洛阳人民为适应经济飞速发展而做出卓越努力的表现！

（3）郑州黄河第一铁路桥

华水古桥调查研究队对郑州市黄河第一铁路大桥进行了深入的实地调查。郑州黄河第一铁路大桥，位于河南省郑州市惠济区的郑州黄河风景名胜区内，是我国第一座跨越黄河南北两岸的钢结构铁路大桥。郑州黄河第一铁路大桥于 1903 年正式开工建设，1988 年被拆除成为一处遗址，85 年间的多场战争使得这座桥梁遍体鳞伤，饱经磨难。时至今日，这座古桥仅仅留下了 160m 作为景区的一处遗址开放游览，见图 5-35。

图 5-35　清代黄河桥遗址

　　郑州黄河第一铁路桥的旧址见图 5-36。入选了河南省第七批文物保护单位。2018 年 1 月，郑州黄河铁路大桥入选了第一批《中国工业遗产保护名录》。如今的郑州黄河第一铁路桥仅为一座残桥，其中仅有几道铁轨置于大块的预制板之间，见图 5-37。

图 5-36　郑州黄河第一铁路桥

图 5-37　桥面预制板

（4）熊耳河桥

华水古桥调查研究队对熊耳河桥进行了调研。熊耳河桥，位于郑州市管城回族区南关街道熊耳河上，横跨熊耳河南北两侧，南通陇海路，北接城南路，原为单孔石拱桥，熊耳河桥建于清乾隆三年（1738年），距今已有280多年的历史，在清代曾先后进行过4次不同程度的修复，其中乾隆年间3次，道光年间1次。中华人民共和国成立后，1978年扩建了这座桥，扩修后的桥长为27.9m，宽13m，高6.3m。加宽加固桥身，增大了桥体结构的强度。

熊耳河桥现今仍保存完好，桥体采用了砖石砌筑技术，在拱门背面内券与外券之间使用勾石，防止内外券分离，使其整体保持稳定。与宋代《营造法式》孔洞营造的形状一致，桥的两券造型呈现出半圆形，见图5-38和图5-39。

图5-38 熊耳河桥全貌　　　　　　　　图5-39 拱券浮雕装饰

熊耳河桥是郑州市区现存年代最久远的砖石桥，此桥具有的巨大的历史价值、美学价值和社会价值，值得被保护和继续传承。

3. 古桥现存病害

（1）桥基稳定问题

惠济桥拱桥两侧的桥台由于自重及周围环境因素的影响，会在竖直方向上产生不均匀沉降，水平方向上也会产生一定的位移，见图5-40。熊耳河桥水流的冲刷作用使得石料之间的填充物掉落，缝隙增大，不利于桥墩的稳固，见图5-41。

图5-40 惠济桥桥台的损坏　　　　　　图5-41 熊耳河桥石料间的缝隙

（2）风化问题

青石是惠济古桥的主要建筑材料，在各种外界环境的作用下，此类材料极易风化，其风化物的强度、刚度及耐久性、稳定性均较低。唐代的天津桥遗迹已不复存在，如今尚存且较为完整的是一座翘脚四柱亭，由宋代天津桥遗迹改建而成，作为"林森桥"附属设施。据书刊及网络查阅，近代人所修筑的林森桥遗址，桥梁的主体结构已不再完整，桥上的石材老化发黑。惠济桥水上部分桥体风化脱落严重，石桥表面的风化现象变得更加严重，见图 5-42。

图 5-42　惠济桥岩石风化

（3）部分构件损害问题

惠济桥部分构件出现了较为严重的损害，例如分水尖缺损、车辙、排水设施破旧堵塞、桥面板局部下沉、桥面土石淤积、主拱圈砌块局部风化脱落、侧墙由于植物的根系作用导致墙体开裂（桥面和主拱圈也都滋生木植）等一系列问题见图 5-43、图 5-44。熊耳河桥上部结构已经重新翻修，但是采用不锈钢材质的栏杆存在着变形严重、连接处不牢固等问题；桥面铺装层直接受到车辆的碾压，车道中间产生了一条纵向车辙。

图 5-43　桥面上滋生木植　　　　　图 5-44　侧墙下部石块中空

郑州黄河第一铁路桥桥面两侧的栏杆严重腐蚀和损坏,见图5-45;桥面上无排水设施,雨水直接冲刷桥面,裸露的钢筋直接接触雨水,见图5-46,加剧了钢筋的腐蚀。

图 5-45　栏杆严重腐蚀和损坏　　　　　　图 5-46　裸露的钢筋

（4）钢材的腐蚀

郑州黄河铁路大桥是一座钢桥,存在极为显著且严重的病害,见图5-47。钢材处于潮湿的空气中极易腐蚀,尤其是在其表面的涂料脱落后,会加快其腐蚀速率。被腐蚀的钢材会导致桥梁整体结构的耐久性下降,降低截面特性,使材料更容易出现缺陷和裂纹,从而使桥梁的承载力急剧下降。

图 5-47　钢材的腐蚀

4. 修缮及保护建议

结合本次调查,现以惠济古桥、熊耳河桥、天津桥和郑州黄河第一铁路桥为例提出部分关于古桥的修缮和保护建议。

（1）增强保护意识

有必要制定并颁布具体的石拱桥管理办法,宣传石拱桥保护的意义,增大保护的资金投入，有条件时应建立专门的拱桥保护和研究职能部门，做到制定政策、加强管理、落实到人和定期巡查。

（2）重视古桥历史文化价值

熊耳河桥为本次调查中仍在通行的石拱桥，经历了较多次数的修缮加固，桥体结构和桥梁外观都遭到了不同程度的损坏，因此保持桥梁的原貌是对熊耳河桥维修和保护过程中的一大难点。桥体北侧拱券浮雕图案的雕刻技术和艺术价值极高，需要对其进行清污处理，尽可能地使其恢复原图案。

（3）采用现代科技对桥梁结构进行修复

采用现代检测手段，对古桥进行全面、彻底的安全检测鉴定，并制定有针对性的修复工作，在保护古桥外观形貌的前提下，针对古桥的缝隙、钢材锈蚀和风化等病害开展修复工作，在保证桥梁结构的整体安全性和耐久性的前提下，尽量要做到"修旧如旧"，如此才能将一座座名桥代代传承下去。修复后建立健康监测系统，确保古桥长期安全。

5. 结语

近些年来，我国的每项规划都会提到与环境保护相关的内容，古桥的存在对环境的影响应降低到相对较小的程度，在古桥的修缮和保护工作中，尽量在保证安全的前提下保留古桥原貌；重建时避免建设性破坏，处理好城市改造开发和历史文化遗产保护利用的关系，切实做到在保护中发展、在发展中保护。注重文明传承、文化延续，让城市留下记忆，让人们铭记历史。

华水古桥调查研究队通过调查郑州及周边城市部分古桥的桥型结构、形式特点及发展历程等，结合专业所学知识对古桥病害进行研究分析，以期能够在一定程度上增强社会对古代桥梁的关注程度，使人们在认识到其价值的同时，积极行动起来，保护好这份珍贵的历史文化遗产。同时各地政府也应该建立健全古桥遗产保护机制，合理开发利用现有资源，由政府引领、文旅部门主管、其他部门以及社会各界共同参与实施桥梁的保护工作。

第6章

中国国际大学生创新大赛

国家正在实施创新驱动发展战略，为响应国家战略需求，支撑以新技术、新产业、新业态、新模式为特点的新经济蓬勃发展，迫切需要培养大批能适应国家战略需求、引领未来经济的创新创业人才，高校作为人才培养的摇篮，须担起培养创新创业人才的重要任务。中国国际"互联网＋"大学生创新创业大赛是由教育部联合相关部门举办的级别最高、影响力最大的大学生创新创业大赛，如今已经发展成为国内最具影响力的学科竞赛之一。大赛以创新引领创业，很好地激发大学的创造力为宗旨。在中国高等教育学会发布的《高校竞赛评估与管理体系研究》和《全国普通高校学科竞赛排行榜内竞赛项目名单》中，一直高居首位。中国"互联网＋"创新创业大赛自2023年12月正式更名为中国国际大学生创新大赛，但因其历史缘由，为更方便理解，按照原名进行解释。

6.1 什么是"互联网＋"

"互联网＋"是创新2.0下的互联网与传统行业融合发展的新形态、新业态，是知识社会创新2.0推动下的互联网形态演进及其催生的经济社会发展新形态。"互联网＋"代表一种新的经济形态，即充分发挥互联网在生产要素配置中的优化和集成作用，将互联网的创新成果深度融合于经济社会各领域之中，提升实体经济的创新力和生产力，形成更广泛的以互联网为基础设施和实现工具的经济发展新形态。"互联网＋"行动计划将促进新一代信息技术与现代制造业、生产性服务业等的融合创新，发展壮大及重点促进以云计算、物联网、大数据新兴业态，打造新的产业增长点，为大众创业、万众创新提供环境，为产业智能化提供支撑，增强新的经济发展动力，促进国民经济提质增效升级。

6.2 "互联网＋"大学生创新创业大赛的内涵及背景

"互联网＋"大学生创新创业大赛，由教育部牵头、各高校承办。大赛旨在深化高等教育综合改革，激发大学生的创造力，培养造就"大众创业、万众创新"的主力军；推动赛事成果转化，促进"互联网＋"新业态形成，服务经济提质增效升级；以创新引领创业、创业带动就业，推动高校毕业生更高质量创业就业。

2015年，我国举办了第一届中国"互联网＋"大学生创新创业大赛，大赛一方面为各高校创新创业成果展示与交流提供了平台，另一方面也直观地反映了各高校的创新创业教育培养成效。通过"互联网＋"大学生创新创业大赛探索高校创新创业教育改革更具有实践意义。2021年国务院出台《关于进一步支持大学生创新创业的指导意见》，意见中明确提出"办好中国国际'互联网＋'大学生创新创业大赛"，强化大赛创新创业教育实践平台作用，坚持以赛促教、以赛促学、以赛促创。大赛得到了政府的高度重视，得到了高校师生的强烈认可，大赛逐渐成长为国内覆盖面最大、影响力最广的大学生创新创业盛会。2023年12月第九届更名为中国国际大学生创新大赛。

6.3　参赛组别

下面以第九届为例对萌芽赛道外的其他赛道进行说明。

6.3.1　高教主赛道

1. 本科生组

（1）创意组

1）参赛项目具有较好的创意和较为成型的产品原型或服务模式，在大赛通知下发之日前尚未完成工商等各类登记注册。

2）参赛申报人须为项目负责人，项目负责人及成员均须为普通高等学校全日制在校本专科生（不含在职教育）。

3）学校科技成果转化项目不能参加本组比赛（科技成果的完成人、所有人中参赛申报人排名第一的除外）。

（2）初创组

1）参赛项目工商等各类登记注册未满3年（2019年3月1日及以后注册）。

2）参赛申报人须为项目负责人且为参赛企业法定代表人，须为普通高等学校全日制在校本专科生（不含在职教育），或毕业5年以内的全日制本专科学生（即2017年之后的毕业生，不含在职教育）。企业法定代表人在大赛通知发布之日后进行变更的不予认可。

3）项目的股权结构中，企业法定代表人的股权不得少于1/3，参赛团队成员股权合计不得少于51%。

（3）成长组

1）参赛项目工商等各类登记注册3年以上（2019年3月1日前注册）。

2）参赛申报人须为项目负责人且为参赛企业法定代表人，须为普通高等学校全日制在校本专科生（不含在职教育），或毕业5年以内的全日制本专科学生（即2017年之后的毕业生，不含在职教育）。企业法定代表人在大赛通知发布之日后进行变更的不予认可。

3）项目的股权结构中，企业法定代表人的股权不得少于10%，参赛团队成员股权合计不得少于1/3。

2. 研究生组

（1）创意组

1）参赛项目具有较好的创意和较为成型的产品原型或服务模式，在大赛通知下发之日前尚未完成工商等各类登记注册。

2）参赛申报人须为项目负责人，须为普通高等学校全日制在校研究生。项目成员须为普通高等学校全日制在校研究生或本专科生（不含在职教育）。

3）学校科技成果转化项目不能参加本组比赛（科技成果的完成人、所有人中参赛申报人排名第一的除外）。

（2）初创组

1）参赛项目工商等各类登记注册未满3年（2020年3月1日及以后注册）。

2）参赛申报人须为项目负责人且为参赛企业法定代表人须为普通高等学校全日制在校研究生，或毕业5年以内的全日制研究生学历学生（即2018年之后的研究生学历毕业生）。企业法定代表人在大赛通知发布之日后进行变更的不予认可。

3）项目的股权结构中，企业法定代表人的股权不得少于1/3，参赛团队成员股权合计不得少于51%。

（3）成长组

1）参赛项目工商等各类登记注册3年以上（2020年3月1日前注册）。

2）参赛申报人须为项目负责人且为参赛企业法定代表人须为普通高等学校全日制在校研究生，或毕业5年以内的全日制研究生学历学生（即2018年之后的研究生学历毕业生）。企业法定代表人在大赛通知发布之日后进行变更的不予认可。

3）项目的股权结构中，企业法定代表人的股权不得少于10%，参赛团队成员股权合计不得少于1/3。

6.3.2　红色之旅赛道

参加"青年红色筑梦之旅"活动的项目，符合大赛参赛要求的，可自主选择参加"青年红色筑梦之旅"赛道或其他赛道比赛（只能选择参加一个赛道）。本赛道单列奖项、单独设置评审指标。

1. 参赛项目要求

（1）参加"青年红色筑梦之旅"赛道的项目应符合大赛参赛项目要求，同时在推进农业农村、城乡社区经济社会发展等方面有创新性、实效性和可持续性。

（2）以团队为单位报名参赛。允许跨校组建团队，每个团队的参赛成员不少于3人，不多于15人（含团队负责人），须为项目的实际核心成员。参赛团队所报参赛创业项目，须为本团队策划或经营的项目，不得借用他人项目参赛。

（3）参赛申报人须为项目负责人，须为普通高等学校全日制在校生（包括本专科生、研究生，不含在职教育），或毕业5年以内的全日制学生（即2017年之后的毕业生，不含在职教育）；国家开放大学学生（仅限学历教育）。企业法定代表人在大赛通知发布之日后进行变更的不予认可。

2. 参赛组别和对象

参加"青年红色筑梦之旅"赛道的项目，须为参加"青年红色筑梦之旅"活动的项目，否则一经发现，立即取消参赛资格。

根据项目性质和特点，分为公益组、创意组、创业组。

（1）公益组

1）参赛项目不以营利为目标，积极弘扬公益精神，在公益服务领域具有较好的创意、产品或服务模式的创业计划和实践。

2）参赛申报主体为独立的公益项目或社会组织，注册或未注册成立公益机构（或社会组织）的项目均可参赛。

（2）创意组

1）参赛项目基于专业和学科背景或相关资源，解决农业农村和城乡社区发展面临的主要问题，助力乡村振兴和社区治理，推动经济价值和社会价值的共同发展。

2）参赛项目在大赛通知下发之日前尚未完成工商等各类登记注册。

（3）创业组

1）参赛项目以商业手段解决农业农村和城乡社区发展面临的主要问题、助力乡村振兴和社区治理，实现经济价值和社会价值的共同发展，推动共同富裕。

2）参赛项目在大赛通知下发之日前已完成工商等各类登记注册，学生须为法定代表人。项目的股权结构中，企业法定代表人的股权不得少于10%，参赛成员股权合计不得少于1/3。

6.3.3 职教赛道

1. 参赛项目要求

（1）职业院校（包括职业教育各层次学历教育，不含在职教育）、国家开放大学学生（仅限学历教育）可以报名参赛。

（2）大赛以团队为单位报名参赛。允许跨校组建团队，每个团队的参赛成员不少于3人，不多于15人（含团队负责人），须为项目的实际核心成员。参赛团队所报参赛创业项目，须为本团队策划或经营的项目，不得借用他人项目参赛。

2. 参赛组别和对象

本赛道分为创意组与创业组。

（1）创意组

1）参赛项目具有较好的创意和较为成型的产品原型、服务模式或针对生产加工工艺进行创新的改良技术，在大赛通知下发之日前尚未完成工商等各类登记注册。

2）参赛申报人须为团队负责人，须为职业院校的全日制在校学生或国家开放大学学历教育在读学生。

3）学校科技成果转化项目不能参加本组比赛（科技成果的完成人、所有人中参赛申报人排名第一的除外）。

（2）创业组

1）参赛项目在大赛通知下发之日前已完成工商等各类登记注册，且公司注册年限不超过5年（2018年3月1日及以后注册）。

2）参赛申报人须为企业法定代表人，须为职业院校全日制在校学生或毕业5年内的学生（即2018年之后的毕业生）、国家开放大学学历教育在读学生或毕业5年内的学生（即2018年6月之后的毕业生）。企业法人在大赛通知发布之日后进行变更的不予认可。

3）项目的股权结构中，企业法定代表人的股权不得少于1/3，参赛团队成员股权合计不得少于51%。

6.3.4　产业命题赛道

1. 参赛要求

（1）本赛道以团队为单位报名参赛，每支参赛团队只能选择一题参加比赛，允许跨校组建、师生共同组建参赛团队，每个团队的成员不少于3人，不多于15人（含团队负责人），须为揭榜答题的实际核心成员。

（2）项目负责人须为普通高等学校全日制在校生（包括本专科生、研究生，不含在职教育），或毕业5年以内的全日制学生（即2018年之后毕业的本专科生、研究生，不含在职教育）。参赛项目中的教师须为高校教师（2023年8月15日前正式入职）。

（3）参赛团队所提交的命题对策须符合所答企业命题要求。参赛团队须对提交的应答材料拥有自主知识产权，不得侵犯他人知识产权或物权。

（4）所有参赛材料和现场答辩原则上使用中文或英文，如有其他语言需求，请联系大赛组委会。

2. 赛程安排

（1）征集命题。命题企业应进入全国大学生创业服务网（网址：https://

cy. ncss. cn）进行第九届中国国际"互联网＋"大学生创新创业大赛产业命题赛道命题申报。

（2）命题发布。大赛组委会组织专家，对企业申报的产业命题进行评审遴选。入选命题在全国大学生创业服务网公开发布和全球青年创新领袖共同体促进会（PILC）官网公开发布。

（3）参赛报名。各省级教育行政部门及各有关学校负责审核参赛对象资格。中国大陆和港澳台地区参赛团队通过登录全国大学生创业服务网进行报名。国际参赛团队通过登录全球青年创新领袖共同体促进会（PILC）官网进行报名。

（4）初赛复赛。初赛复赛的比赛环节、评审方式等，由各地结合参赛报名等情况自行决定，项目评审可邀请出题企业的专家共同参与。

（5）总决赛。入围总决赛项目通过对策讲解、实物展示和专家问辩等环节，决出各类奖项。具体安排与大赛整体安排保持一致。

6.4　参赛类别

下面以第九届国际大学生创新大赛为例进行说明。

1. 新工科类项目

大数据、云计算、人工智能、区块链、虚拟现实、智能制造、网络空间安全、机器人工程、工业自动化、新材料等领域，符合新工科建设理念和要求的项目。

2. 新医科类项目

现代医疗技术、智能医疗设备、新药研发、健康康养、食药保健、智能医学、生物技术、生物材料等领域，符合新医科建设理念和要求的项目。

3. 新农科类项目

现代种业、智慧农业、智能农机装备、农业大数据、食品营养、休闲农业、森林康养、生态修复、农业碳汇等领域，符合新农科建设理念和要求的项目。

4. 新文科类项目

文化教育、数字经济、金融科技、财经、法务、融媒体、翻译、旅游休闲、动漫、文创设计与开发、电子商务、物流、体育、非物质文化遗产保护、社会工作、家政服务、养老服务等领域，符合新文科建设理念和要求的项目。

参赛项目团队应认真了解和把握"四新"发展要求，结合以上分类及项目实际，合理选择参赛项目类别。参赛项目不只限于"互联网＋"项目，鼓励各类创新创业项目参赛，根据"四新"建设内涵和产业发展方向选择相应类型。

6.5　参赛报名要求

1. 一个项目只能选择参加一个赛道（高教主赛道或者"红旅"赛道）；

2. 往届国赛金银奖项目不能参加比赛，但可以参加"青年红色筑梦之旅"活动。

6.6　奖项设置

1. 高教主赛道：中国大陆参赛项目设金奖 150 个、银奖 350 个、铜奖 1000 个，中国港澳台地区参赛项目设金奖 5 个、银奖 15 个、铜奖另定，国际参赛项目设金奖 50 个、银奖 100 个、铜奖 350 个；设置最佳创意奖、最佳带动就业奖、最具商业价值奖等若干单项奖；获得金奖项目的指导教师为"优秀创新创业导师"（限前五名）。

2. 青年红色筑梦之旅赛道：设置金奖 50 个、银奖 100 个、铜奖 350 个；设置乡村振兴奖、最佳公益奖等单项奖；获得金奖项目的指导教师为"优秀创新创业导师"（限前五名）。

3. 职教赛道：设置金奖 50 个、银奖 100 个、铜奖 350 个；获得金奖项目的指导教师为"优秀创新创业导师"（限前五名）。

4. 萌芽赛道：设置创新潜力奖 20 个；入围总决赛但未获创新潜力奖的项目，发放"入围总决赛"证书。

5. 产业命题赛道：设置金奖 30 个、银奖 60 个和铜奖 210 个。

6.7　案例分析

6.7.1　竹构建筑——致力于推广竹结构建筑的先行者

该项目获 2023 年河南省"互联网＋"大学生创新创业大赛暨第九届中国国际"互联网"大学生创新创业大赛河南赛区选拔赛高教主赛道本科生创意组三等奖。项目名称：竹构建筑——致力于推广竹结构建筑的先行者；参赛学生：李慧林、李泳森、孟禄源、蒋大鹏、赵佳钰、杨博森、钟星星、韦全、胡志斌、洪雷、曾志辉、张申意、邱臣举、张峰源、毛旺；指导老师：陈记豪、汪志昊、童玉娟、靖金亮。

1. 执行总结

（1）项目背景

竹子是世界上最主要的非木质林产品，主要分布在热带、亚热带和温带地区。根据联合国粮食及农业组织（FAO）统计数据，全世界竹林面积共计3150万公顷，其中亚太地区占55.3%。

自20世纪90年代以来，全世界森林面积持续减少，而竹林面积却以每年3%的速率递增，这对亚太地区发展相关竹产业具有积极的促进作用。

新型竹结构轻型装配式住宅结构的创新性设计拥有良好的社会效益。竹材作为一种天然生物质材料，具有可降解再生、生长周期短、加工性能好、强重比高、固碳能力强等一系列优点，是低能耗、低排放、低污染的理想绿色建筑材料。中国建筑材料工业2020年二氧化碳排放达14.8亿吨，其碳排放量占全国的40%，其中水泥工业碳排放总量占总量的95%。我国装配式住宅大多采用钢筋混凝土结构，如果可以推广新型竹结构轻型装配式住宅，可以降低建筑行业碳排放量，助力我国"双碳目标"顺利实现。

新型竹结构轻型装配式住宅结构的创新性设计拥有广阔的市场前景与巨大的市场潜力。中国是世界上竹资源最丰富的国家，根据《2021年中国竹资源报告》数据，中国竹林面积总计756万公顷（756000km²），除新疆、内蒙古、黑龙江和吉林等北方省区无竹林分布外，其他省区均有竹林分布，其中福建、湖南、江西和浙江四个省份分布最多，主要生产毛竹，约占全国竹林总面积的80%。根据中国建筑业年度报告（2022）公布数据中，竹结构建筑行业没有在数据统计范围内，表明竹结构建筑行业还处于"开荒阶段"，拥有良好的发展前景。

新型竹结构轻型装配式住宅结构的创新性设计拥有新发展机遇与政策红利。2021年11月11日，国家发展改革委联合十余部门发布了《关于加快推进竹产业创新发展的意见》，其中明确指出要全面推进竹材建材化，逐步推广竹结构建筑和竹质建材，并强化政策保障，完善投入机制，加大金融支持，扩大宣传推广。

（2）项目简介

项目名称是"竹构建筑——致力于推广竹结构建筑的先行者"。公司为一个提议中的公司，致力于服务竹结构建筑全生命周期，利用缩尺模型试验与多尺度仿真分析方法，帮助建设单位智能评估、优化设计，提供绿色建筑节能方案，打造"竹结构设计-竹结构安全复核-竹结构模型试验-竹结构设计优化-竹结构检测与评估-全国大学生结构竞赛咨询"的多维度服务体系。

企业坚守"创新驱动竹产业高质量发展，科技引领建筑行业绿色未来"的初心，追求"以需求为引导，以创新为先驱"的发展理念，不断突破技术瓶颈，追求技术创新，目前已经形成一套利用缩尺模型与足尺模型试验针对竹结构轻型装配式住宅设计的智能评估体系。企业技术实力雄厚，拥有"一种结构模型尺寸及变形的非接触式检测装置及方法"等国家发明专利，同时与其他公司建立了长期友好合作关系，形成了"需求引领-基础研究-技术优化-成果转化-企业应用"的全过程研发生态链条。

企业牢记"创造价值，回馈社会"的经营理念，践行企业社会义务，勇担企业社会责任，助力经济社会高质量发展，深度融合国家发展战略。企业拟将利用缩尺模型试验以及多尺度仿真分析所得试验数据以及对被试验的设计模型的评估数据上传至企业云端平台"云-竹"，为国家发展竹结构建筑产业提供数据信息，帮助国家完善竹结构建筑设计规范，助力建筑竹结构行业的蓬勃发展。企业还将建立结构模型设计培训基地，公司团队成员具有丰富的结构模型设计制作经验，多次在省级、国家级设计竞赛取得佳绩，公司会借助培训基地，提升模型制作与设计能力，激发创造性思维，帮助工程师提升专业能力。

2. 产品服务与核心技术

（1）经营项目

1）竹结构设计咨询：

设计咨询主要包括两方面，一方面是对客户提供的设计方案进行智能评估，另一方面是在客户提出的要求与背景下，独立自主完成竹结构建筑设计方案。

设计团队运用本公司核心技术缩尺模型试验方法与多尺度仿真分析，对设计方案进行优化，并提出改良建议，提高竹结构建筑的综合性能，并基于我国现行2019年版《绿色建筑评价标准》GB/T 50378—2019，打造基于竹结构的新一代绿色建筑。

对于独立自主进行建筑设计，企业拥有扎实的技术实力与过硬的技术水平，可以针对客户不同需求提出不同类型的设计方案，公司初期阶段以建筑设计与结构设计为主，当企业发展进入中期，公司将扩展业务，提供风景园林设计、市政工程设计等服务，企业的远期目标是成为"国内领先、国际知名"的装配式竹结构绿色建筑全要素全生命周期服务商。

2）竹结构安全复核：

企业与华北水利水电大学工程检测中心达成战略合作关系，工程检测中心拥有国家检验检测机构资质认定证书，具备对竹结构设计的安全复核能力与资质。拥有小型振动台、静载万能加载架、MTS液压伺服结构静力及动力试验系统等多种类型的试验装置，可以检测竹结构连接节点性能、构件防护性能以及结构静力学性能，同时可以对竹结构建筑进行变形检测与缺陷检测。

3）竹结构模型试验：

企业针对竹结构设计方案评估拥有两种试验方案——缩尺模型试验与足尺模型试验。

缩尺模型试验：缩尺模型是将竹结构尺寸等比例缩小，然后利用工程检测中心的加载装置对竹结构在静载下节点位移情况、竹结构构件的屈服强度、弹性模量进行检测，可以对大尺度竹结构建筑进行有效分析与检测，研究竹结构的整体性能。

足尺模型试验：足尺模型是将建筑按 1∶1 尺寸比例制成，企业采用足尺模型试验主要针对小尺度竹结构建筑。企业设有专门针对竹结构足尺模型的试验场地，针对足尺模型，公司会对其进行"静载试验-动载试验-均布载荷试验-集中荷载试验-水平载荷荷载试验-冲击载荷试验-疲劳载荷试验"的多方位、多维度、多种类的载荷试验，通过直观检测，观察竹结构建筑在不同荷载下抵抗变形的能力、竹材料在塑性变形和破裂过程中吸收能量的能力等性质。

4）全国大学生结构模型设计竞赛技能培训：

企业团队成员拥有丰富的结构模型设计竞赛经验，见图 6-1，取得过国家级结构设计竞赛二等奖三次，省级结构设计竞赛一等奖六次，校级结构设计竞赛一等奖十余次。同时，团队拥有全国大学生结构模型设计竞赛的一、二、三级加载装置以及充足的国赛专供竹材以及制作工具，可以为有意向参加全国大学生结构模型设计竞赛的高校，提供经验分享与技能培训，同时可以对模型进行一、二、三级加载模拟以及为高校提供赛题分析，帮助高校提升模型制作能力以及结构设计竞赛水平。

同时线上云平台"云-竹"在模型试验工程中积累了大量试验数据，有利于技术革新，技术革新带动技术发展，技术发展拉动客户需求，客户需求回馈试验数据，形成了"革新-发展-实践"的闭环，可以极大提高企业的创新能力，带动企业技术发展。

图 6-1　团队指导老师与成员参与全国大学生结构模型设计竞赛

（2）核心科技——竹结构缩尺模型制作技术与设计理论

缩尺模型试验目前在测定钢结构性能应用较为广泛，对于竹结构建筑，缩尺模型试验运用较少，传统的竹结构性能检测方式是利用 ANSYS 有限元分析等数学模拟方法对竹结构进行智能评估，而企业将试验与数学模拟相结合，利用缩尺模型试验首先对竹结构节点转动、结构变形等进行控制与分析，统计所得试验数据，将数据传输至有限元软件计算校核，同时进行多尺度分析以补充校核，具体流程见图 6-2。

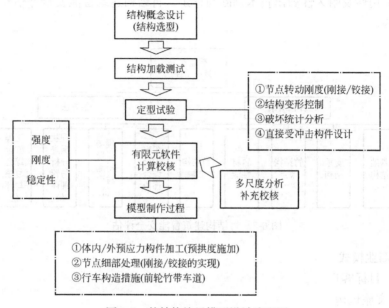

图 6-2　竹结构缩尺模型设计流程图

每次校核完成，企业会将试验数据上传至企业云端平台"云-竹"，企业会将数据不断收集整理，然后基于大数据技术，将试验数据进行整合分类，不断优化此项技术，提高企业核心竞争力。

（3）安全复核与设计优化——MIDAS FEA NX 多尺度分析

在正式施工之前，需要依据原始设计图纸，根据建筑物的实际情况复核建筑。主要目的是了解建筑布置、主要建筑尺寸、主要建筑构造，便于计算荷载，同时了解结构布置、主要结构尺寸、连接节点构造，明确主体结构的类别和传力体系，便于建立结构计算分析模型。

企业可依据云端数据服务平台"云-竹"，利用大数据技术对竹结构设计方案进行多尺度安全复核，然后利用有限元分析，快速准确对竹结构中的节点、应力集中域、杆件弹性模量等进行数据分析与安全复核，同时云端数据服务平台会依据库中数据总结竹结构设计经验，对竹结构建筑设计方案提出安全复核试验数据报告及设计优化方案。在复杂结构中，结构部分区域，例如节点，受力复杂，需要建立结构实体模型详细分析，本企业采用 MIDAS CIVIL 与 MIDAS FEA NX

联动的多尺度分析方法对竹结构进行分析，计算结果更接近实际结构。

竹结构建筑建成投入运行后，随着时间的推移，在荷载及恶劣环境的持续作用下，不可避免地会产生老化和损伤。在竹结构建筑投入运营期间，应定期对竹结构建筑进行复核及安全评估，对有病害的建筑工程应进行除险加固。按照规范要求，本公司依托安全监测数据库，对竹结构建筑进行全面技术检测，并对其安全性、适用性及耐久性做出技术判断与评定。竹结构建筑智能安全评估对象及方法见图 6-3。

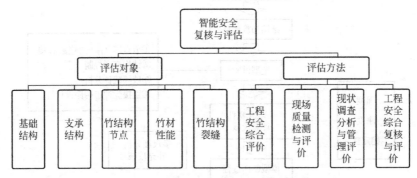

图 6-3　竹结构建筑智能安全评估

3. 商业模式

（1）目标客户

1）文旅机构

针对文旅机构，公司企业利用专业团队，结合大数据技术，依托于企业云端数据服务平台，可根据客户的不同需求提供不同的设计方案，可以为文旅机构的客户提供竹亭、竹廊、竹榭、竹楼、竹屋等竹结构建筑设计方案，示范建筑见图 6-4。

图 6-4　竹结构示范建筑

另外，根据竹结构建筑投入运营的周围环境，企业会因地制宜，结合竹结构建筑所处位置，如地形、植物、山石、水池等组成景点，融合园林建筑的设计原则"因地因景，得体合宜"，摆脱传统建筑物的设计方式，使竹结构建筑在古典建筑形式上的基础上更加丰富多彩。

2）施工单位

竹结构建筑成本低廉且建造周期短，目前普遍应用于偏远贫困地区，作为廉价住房大量投入使用。对于承建竹结构建筑而没有能力设计竹结构方案的施工单位，企业可以根据缩尺模型试验及多尺度仿真分析总结出的设计经验，基于企业云端数据服务平台进行结构设计，同时利用企业的缩尺（足尺）模型试验方法进行安全复核，通过多维度仿真分析与有限元分析方法对设计方案进行优化。

团队指导教师在结构设计、BIM 技术等领域有深厚的积累，企业依托于专利技术"一种结构模型尺寸及变形的非接触式检测装置"，可以快速准确地对竹结构进行性能分析与检测，团队成员具有丰富的结构模型制作经验，可以快速将竹结构的缩尺模型试验落地实施，提供反馈数据，优化竹结构设计方案。

3）开办土木类的高校

对于开办土木类高校，全国大学生结构模型设计大赛是全国大学生学科竞赛资助项目之一，是土木建筑工程领域级别最高、规模最大的学生创新竞赛，被誉为"土木建筑皇冠上璀璨的明珠"，对于建设土木类的高校，是不容忽视的重要学科竞赛。

企业曾获全国大学生结构模型设计大赛二等奖二次，省级结构模型设计竞赛一等奖四次，指导教师拥有丰富的竞赛指导经验，团队成员拥有丰富的参赛经验，同时企业在结构竞赛方面形成了一套独特的技术知识体系，可以借助此体系帮助开办土木类高校提高竞赛水平，帮助高校在结构模型设计竞赛中取得优异成绩。

4）建筑竹材企业

企业的多尺度仿真分析不仅可以应用于竹结构模型，还可以评测竹材的物理性能（抗拉性能、抗弯性能等），可以为建筑竹材企业提供建筑竹材的物理性能与力学性能监测分析报告，帮助建筑竹材企业更好地了解竹材性质，有助于建筑竹材企业的产品销售。

（2）营销策略

当今世界正处于互联网时代，"互联网＋"理念深刻影响着各行各业，而本项目也在销售和营销方式上融汇"互联网＋"思想，不仅采用传统的营销模式，还将利用互联网这个大平台，并借助校友企业的力量，推广公司的产品与技术服务。即产品的销售渠道主要采取传统的批发、零售、项目直销和现代化网络平台交易的线上线下并举模式，此外，与校友企业的战略合作也是产品主销渠道之一，见图 6-5。

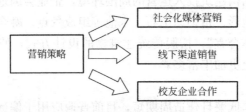

图 6-5 营销策略示意图

1) 社会化媒体营销

随着互联网的发展，网络销售成为一种趋势，而对于竹结构设计咨询来说，网上交易程度比较高，所以项目将在互联网上展开宣传和销售，拓展网上销售渠道。

企业会利用社会化网络、在线平台、视频号等网络媒体进行营销。企业线上营销方式与传统网络营销方式略有不同，企业的营销理念为"以兴趣挖掘用户，以用户带动宣传"。

在创业初期，企业会在各个网络媒体平台投放与竹结构相关的视频，而非直接投放广告，前期企业的目标是积攒流量，在各个平台找到志同道合的用户。当各个平台所积累的用户数量达到一定规模，形成社群，公司会进行营销计划的第二步，推出"创作者激励计划"以及"竹结构设计创意大赛"等视频征集活动，鼓励社群里的用户上传分享自己拍摄的相关视频，利用用户挖掘用户，充分发挥社会热点的聚焦效应。

企业会同时建立项目网站，定期更新和维护网站，丰富网站内容，方便消费者咨询与查阅；网上交易平台以淘宝和京东为主；另外企业会建立官方的微博号与微信公众号，充分发挥自媒体的优势，利用自媒体资源进行项目宣传、顾客维护、售后跟踪等活动。

2) 线下渠道销售

传统的销售渠道必然有其优势之处，像项目直销这类短渠道的销售模式，项目相对于渠道的控制要求相对较高，减少了很多中间环节，做好项目直销有利于良好品牌形象的建立。

批发、零售等分销渠道有利于企业开拓市场，扩大市场需求，同时可以促进企业开发新产品，当然也能较好地满足大部分顾客的需求，使产品更加多元化，有利于扩大市场规模，提高公司社会影响力。例如公司可通过学校组建专业销售团队并进行系统培训，市场销售团队人员通过投标、上门推销等方式与目标顾客进行当面交易。

3) 校友企业合作渠道

竹结构建筑是建筑行业近几年发展起来的新赛道，而且土木类专业是我校特色专业，许多校友毕业后从事建筑行业，其中有很多校友在做建构设计、监测维修等方面的工作。故本公司可依托此优势，加强与校友单位、校友企业的战略合作，进一步拓展公司客户群。

目前已经与两家公司达成战略合作协议。

4）盈利模式

本项目专注于对客户提供的竹结构建筑模型设计方案进行智能评估，并为客户提供设计咨询、仿真分析、方案优化、售后服务、技能培训等业务，"竹结构设计-竹结构安全复核-竹结构模型试验-竹结构设计优化-竹结构检测与评估-全国大学生结构竞赛咨询"的多维度服务，形成"需求引领-基础研究-技术优化-成果转化-企业应用"的全过程研发生态链条。企业盈利模式图见图6-6。

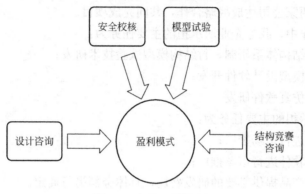

图6-6　企业盈利模式图

① 竹结构设计咨询：

对于新建竹结构建筑，提前了解竹结构的建造要求，提出设计方案，安排专门人员指导施工，提供"云-竹"企业云端信息数据平台构建服务，进而为后期的安全监测以及维护打下基础。此过程中，企业可以收取安全指导费用以及后期安全监测费用。

对于已建竹结构建筑，可以对竹结构建筑进行多维度检测与分析，对竹结构建筑进行加固、翻新、维护。此过程中主要收取咨询费用以及改良费用。

② 竹结构安全复核：

对于竹结构设计方案，企业可以利用小型振动台、静载万能加载架测定竹结构的稳定性，利用MTS液压伺服结构静力及动力试验系统测定竹结构的抗震性能。最后，公司会将试验数据传输至有限元软件进行计算校核，并开具出结构设计方案的安全复核数据报告。在此过程中，企业会收取加载试验费用以及数据报告购买费用。

③ 模型试验：

企业拥有专业的缩尺模型试验场地与足尺模型试验场地，同时配备专业的加载装置，针对建设单位，公司可以对其提供的设计方案制作缩尺或足尺模型，然后对其进行试验；针对高校，公司可以针对高校提供的竹结构模型进行比赛级专业加载，帮助其测试竹结构模型的稳定性与设计方案的合理性，在此过程中，公司会收取试验费用以及场地、装置、竹材的使用费用。

④ 全国大学生结构竞赛咨询：

团队成员拥有丰富的结构模型设计经验，多次在国家级、省级结构模型设计竞赛中斩获佳绩。针对想要参加全国大学生结构模型设计竞赛的高校，企业可以提供结构模型设计竞赛培训，同时企业有丰富的结构模型设计竞赛资料（赛题分析报告、计算书等），可以帮助高校提高竞赛水平。在此过程中，企业会从中收取技能培训费用与资料使用费用。

（3）合作伙伴

企业拟与两家公司达成战略合作，共同完成项目。

在战略合作中，我方企业所承担的主要任务为：

1）进行竹结构体系研制，竹结构模型试验技术研发；

2）竹结构模型设计软件开发；

3）竹结构仿真软件研发。

友方企业承担的主要任务为：

1）对产品进行市场推广；

2）为甲方软件进行市场推广；

3）为甲方产品提供必要的研发费用，具体金额另行商定。

企业将时刻秉持让客户满意的服务理念，不断对产品和服务进行更新升级，为客户提供更好的服务，有效地为客户创造更多的附加价值，实现双赢。从设计咨询、安全复核、模型试验、技能培训等各个环节进行协调，保证即时信息可见度，提高工作效率。

企业将充分利用缩尺模型试验的信息数据采集优势，融合 MIDAS CIVIL、ANSYS 有限元分析、BIM 等新技术，全天候无间断监测结构的安全状态、变化特征及其发展趋势，提高运营自动化程度，使项目能够高效进行。同时不断进行市场分析，了解市场的需求信息及动态变化，使公司的供应服务活动建立在可靠的市场基础上。保持供需平衡与良好协调性。

4. 市场分析

（1）行业市场背景

如图 6-7 所示，2018—2022 年我国常住人口城镇化率逐年升高，据有关数据显示，世界的森林覆盖率正在随着城市化和工业化的进程逐年减少，全球的木材资源正处于紧缺状态。利用竹子取代木材作为建筑材料，可减少森林资源的消耗，维护生态的平衡。因此，竹结构建筑行业具有广阔的应用前景，同时发展装配式竹结构设计具有良好的生态效益。

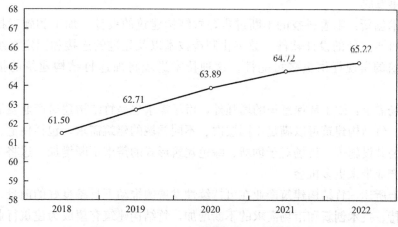

图 6-7 2018-2022 年我国常住人口城镇化率

据哥斯达黎加的研究与统计，竹结构建筑比常规砖、木结构建筑的建造成本低 20%。每 70 公顷（0.7km²）面积的竹子可以用于约一千栋竹结构建筑的建造，如果换作木材为主要建筑材料，则需要采伐大约 600 公顷（6km²）的森林。竹结构建筑相较于木结构建筑具有成本低、对生态环境危害小的优点，具有较大市场空间。

目前，竹材的加工与建造技术并未同木材一样形成一套科学、完整的研究模式与建造系统。对现代竹结构建筑体系的研究模式与应用途径的探讨，有利于带动竹材产业朝着更加科学、绿色、环保的方向发展；促进既有自然资源的合理利用，实现建筑业的可持续发展；有利于推动建筑理论的创新和发展。现代竹结构体系的研究和开发有着不可忽视的理论意义和工程价值。

我国现代装配式竹结构设计大多参考装配式木结构技术规范，针对竹结构建筑设计，国家没有出台装配式竹结构设计规范，大多为竹结构建筑技术规程以及对竹质工程材料的标准规范，侧面体现出目前我国竹结构建筑行业发展规模小，市场开发程度低，说明该行业目前还处于"开荒"状态，市场潜力大。

（2）市场发展潜力

对于该产业的发展前景，可以从以下几个因素分析：

可持续性需求：在全球范围内，人们对可持续发展和环保建筑的需求日益增加。竹结构建筑作为一种具有低碳排放、可再生和可回收利用的材料，受到越来越多人的青睐。这种趋势将促进竹结构建筑产业的发展，并为竹材提供更广阔的市场。

政策支持：政府在可持续建筑领域的政策支持也对竹结构建筑产业的发展起着重要作用。政府可以通过出台政策和标准，鼓励使用竹材和推广竹结构建筑，在项目审批、资金支持、技术研发等方面给予政策优惠，从而推动竹结构建筑产业的健康发展。

技术创新：随着科技的不断进步，竹结构建筑的设计、加工和施工技术也在不断进步。新的设计软件、数字化制造技术以及先进的连接和固定系统为竹结构建筑的实现提供更多可能性。这种技术进步将加速竹结构建筑的推广和应用。

市场需求：除了环保意识的增强外，市场需求也是竹结构建筑产业发展的重要因素。竹结构建筑可以满足不同层次、不同领域的建筑需求，包括住宅、商业建筑、公共设施等。市场对于创新、绿色建筑形式的需求不断增加，这将为竹结构建筑产业带来更多机会。

综上所述，竹结构建筑产业在可持续性发展的推动下具备良好的前景。随着政府支持、技术创新和市场需求的不断增加，竹结构建筑有望成为建筑行业的重要组成部分，并为可持续发展作出积极贡献。

（3）市场竞争分析

行业内竞争：在竹结构建筑市场上，存在着多个竞争对手，包括从事竹结构设计、制造和施工的公司。这些公司在技术水平、项目经验、资源实力和品牌知名度等方面存在差异。具有较强技术实力和优质服务的企业往往能够获取更多订单和客户认可。

材料竞争：除了竹材外，竹结构建筑市场还存在与其他材料的竞争。传统的建筑材料如混凝土、钢材等仍然是主流选择，并且在一些应用场景中可能具备一定优势。所以竹结构建筑需要通过技术创新、性能提升等手段来与其他材料进行竞争，以满足市场的需求。

品牌竞争：在竹结构建筑市场中，品牌形象和声誉扮演着重要角色。具有良好品牌声誉和成功案例的企业，往往能够赢得客户的信任和合作机会。因此，建立和维护良好的企业品牌形象，提供优质的产品和服务是竞争中的关键要素之一。

市场需求：市场需求的变化也会影响竹结构建筑市场的竞争格局。如果市场对可持续建筑、绿色建筑的需求越来越高，那么竹结构建筑作为一种环保、可持续的选择将获得更多机会。但如果市场需求不够强劲，竹结构建筑可能面临较大的竞争压力。

总体而言，竹结构建筑市场的竞争相对较为激烈。在这个竞争激烈的市场中，公司需要通过不断创新和提升技术水平，与其他竞争对手进行差异化竞争，并寻找适合自身发展的市场定位和战略方向，以保持竞争优势并获取更多的市场份额。

（4）SWOT 分析

SWOT 的具体内涵及分析详见图 6-8。

图 6-8 SWOT 分析

1）优势（Strengths）：

① 环保可持续性：竹结构建筑具有很高的环保性和可持续性，符合当今社会对绿色建筑的需求，有助于减少碳排放和资源消耗。

② 强大的材料性能：竹材具有优异的力学性能，轻巧且坚固耐用，在一些应用场景中可以替代传统建筑材料，提供更好的抗震性能。

③ 文化与设计价值：竹结构建筑体现了独特的东方文化特色，具有艺术性和审美价值，在设计上有较大发挥空间。

2）劣势（Weaknesses）：

① 技术限制：相对于传统建筑材料，竹结构建筑在设计、施工和规范等方面仍存在技术难题，需要进一步研发和完善相关标准。

② 供应链限制：竹材的生产、加工和供应链较为有限，可能导致成本上升、时间延长和资源不足的问题。

③ 市场认可度较低：与混凝土、钢结构等传统建筑材料相比，竹结构建筑在一些地区和市场中的认可度较低，市场推广仍面临一定困难。

3）机会（Opportunities）：

① 市场需求增长：随着人们对环保和可持续性的关注度提高，竹结构建筑市场有望迎来更大的增长空间。

② 技术创新与发展：不断推进竹结构建筑的技术研发，改进施工方法和解决技术问题，可以为行业带来更多机会，提升竞争力。

③ 政策支持：政府在环保与可持续发展方面的政策和激励措施有助于促进竹结构建筑的发展，并为行业带来更多商机。

4）威胁（Threats）：

① 竞争对手压力：传统建筑材料的发展和创新，以及其他新兴建筑技术的出现，可能带来竞争对手的压力，限制竹结构建筑的市场份额和发展空间。

② 法律法规限制：在某些地区或特定项目中，存在建筑规范和标准对竹结构建筑的限制，可能增加行业发展的法律风险和合规要求。

5. 投资分析

（1）股本结构与规模

股本结构与规模见表 6-1，公司创立初期拟注册资本 200 万元。

股本结构表　　　　　　　　　　表 6-1

股本结构	自筹资金	指导老师	战略合作伙伴	风险投资
金额(万元)	80	50	30	40
比例	40%	25%	15%	20%

针对公司整体规划，现拟定启动资金总额为 200 万元。以发行普通股的形式向公司初始创立者、风险投资公司募集，其中专利技术入股 80 万元占比 40%，自筹资金 50 万元占比 25%，投资总额 130 万元，另外引入河南某咨询有限公司为战略合作伙伴，投资 30 万元占总注册资本的 15%；风险投资方面将引进 1-2 家风险投资公司入股，占总注册资本的 20%，以便于筹资化解风险。

（2）融资计划

表 6-2 为融资资金用途分配表。拟让出 12% 的股份给项目投资者，主要用于技术开发、营销宣传、团队建设、材料采购、设备采购等。考虑到企业当前面临的情况和优势，研究分析决定企业的融资计划为融资 150 万，出让股权 12%，主要用于技术开发，营销宣传，团队建设，材料采购，设备采购。其中用于技术开发的资金 80 万元，占比 53.3%，主要是用于研发无形资产。用于营销宣传的资金 5 万元，占比 3.33%，主要用于媒体，论坛，展会的宣传以及社交平台宣传的资金投入。用于团队建设的资金 5 万元，占比 3.33%，主要用于发放职工薪酬以及水电费等日常开支。用于材料采购的资金 10 万元，占比 6.67%，主要用于采购原材料，周转材料，委托加工物资等。用于设备采购的资金 50 万元，占比 33.3%，主要用于采购大型机器设备等属于固定资产范畴的设备。

融资资金用途表　　　　　　　　　　表 6-2

资金金额(万元)	用途	备注
80	技术开发	无形资产的研发
5	营销宣传	媒体,论坛,展会,社交平台宣传等
5	团队建设	职工薪酬,日常开支等
10	材料采购	原材料,周转材料,委托加工物资等
50	设备采购	固定资产采购

6. 财务分析

（1）主要财务假设

1）本公司办公地点位于华北水利水电大学大学花园校区科技园区，所以基本不需要承担办公场地费。

2）本公司为实现快速发展目标战略，三年内不进行利润分配，所盈利均计入公司的未分配利润。

3）公司初期投入资金主要为引入资金和自筹资金，不考虑贷款利息项目费用。

4）大学生自主创业在税收上享受"两年免征所得税"的政策支持，因此在公司成立的前两年免征所得税，两年后正常税率为25%。

5）由于通货膨胀的经济形势，公司预计仪器设备使用寿命为10年，期末无残值以直线折旧法计算。无形资产预计使用寿命为50年，不考虑其贬值情况。

6）主营业务税金及附加、财务费用和管理费用等与公司的收入关系不大。

7）本公司执行《企业会计准则》和《企业会计制度》及其补充规定，遵从《中华人民共和国企业所得税法》等相关法律。

8）假设公司的年末应收账款占季度销售收入的30%，假定当季度的应收账款能在下季度初全额收回，不考虑坏账。

9）本存货控制采用先进先出法，假定每年年末产品均卖完无剩余，以技术入股的无形资产按20年摊销，厂房设备等固定资产使用寿命为10年，期末无残值，按年限平均法折旧。

（2）销售额预测

根据市场调研及对未来五年的行情预测，得出未来五年销售额预测，见表6-3。

销售额预测表　　　　　　　　　　　　表6-3

单位：万元

	第一年	第二年	第三年	第四年	第五年
销售单价(万元/套)	65.00	65.00	65.00	65.00	65.00
销售量(套)	3	4	7	8	10
销售额(万元)	195.00	260.00	455.00	520.00	650.00
其他业务收入(万元)	40.00	75.00	32.31	76.10	77.31
销售总额(万元)	235.00	335.00	487.00	59.00	727.00
	0.00	0.00	0.31	6.10	0.31

注：其他业务收入来源主要为仪器安装、仪器使用教学及部分买家人员培训等其他业务收入需要根据具体情况而定具有不确定性，现根据具体已有的同类型服务的市场调查等资料，在表中给定预测额。

（3）成本费用预算

人员配置及工资薪资见表6-4，人员配备及预算见表6-5。

人员配置及工资薪资　　　　　　　　　　表6-4

单位：万元

	第一年	第二年	第三年	第四年	第五年	月薪
总经理	1	1	1	1	1	0.70
副经理	2	2	2	2	2	0.60
部门主管	8	8	8	8	8	0.50

	第一年	第二年	第三年	第四年	第五年	月薪
研发人员	5	5	5	5	5	0.57
销售人员	5	5	5	5	5	0.42

人员配备及预算 　　　　　　　　　表 6-5

单位：万元

类别	具体项目	第一年	第二年	第三年	第四年	第五年
营业成本	代加工费	55.00	90.00	130.00	200.00	250.00
	其他业务成本	3.61	10.70	30.88	30.63	36.97
销售费用	销售人员薪酬	25.20	25.20	30.24	30.24	30.24
	广告费用	10.00	10.00	10.00	10.00	10.00
管理费用	固定资产折旧	9.50	9.50	9.50	9.50	9.50
	无形资产摊销	2.00	2.00	2.00	2.00	2.00
	管理人员薪酬	70.80	70.80	70.80	70.80	70.80
财务费用		—	—	—	—	—
研发费用		34.20	34.20	34.20	34.20	34.20
总计		210.32	252.40	317.62	387.37	443.71

（4）利润预算

在销售预算表成立的基础上，扣除各项成本费用，即可得预算利润，利润预算表见表 6-6。

利润预算表 　　　　　　　　　表 6-6

单位：万元

年度	第一年	第二年	第三年	第四年	第五年
一、营业收入	235.00	335.00	487.31	596.10	727.31
营业成本	58.62	100.70	160.08	230.63	286.93
税金及附加	1.18	1.85	2.68	3.27	4.00
销售费用	35.20	35.20	40.24	40.24	40.24
管理费用	82.30	82.30	82.30	82.30	82.30
财务费用	—	—	—	—	—
研发费用	32.20	34.20	34.20	34.20	34.20
增产减值损失	—	—	—	—	—
加：公允价值变动损益	—	—	—	—	—
投资收益	—	—	—	—	—

续表

年度	第一年	第二年	第三年	第四年	第五年
二、营业利润	23.51	80.75	167.01	205.46	279.60
加:营业外收入	—	—	—	—	—
减:营业外支出	—	—	—	—	—
非流动资产损益	—	—	—	—	—
三、利润总额	23.51	80.75	167.01	205.46	279.60
减:所得税费用			41.75	51.37	69.90
净利润	23.51	80.75	125.35	154.09	209.70

（5）资产负债表

本项目资产负债表见表6-7。

资产负债表　　　　　　　　　　　　　表 6-7

单位：万元

	第一年初	第一年末	第二年末	第三年末	第四年末	第五年末
资产						
流动资产						
货币资金	60.00	108.00	182.31	260.89	331.11	488.10
应收账款	0.00	1.23	6.81	9.61	11.52	15.51
存货	0.00	0.00	0.00	0.00	0.00	0.00
流动资产合计	60.00	109.23	189.12	270.50	342.63	503.61
非流动资产						
固定资产净值	100.00	90.50	81.00	71.50	62.00	52.50
无形资产	40.00	38.00	36.00	34.00	32.00	30.00
非流动资产合计	140.00	128.50	117.00	105.50	94.00	82.50
资产合计	200.00	237.73	306.12	376.00	436.63	586.11
负债和所有者权益						
流动负债						
应收账款	0.00	18.62	27.61	55.77	93.87	195.38
流动负债合计	0.00	18.62	27.61	55.77	93.87	195.38
非流动负债	—	—	—	—	—	—
非流动资产合计	0.00	0.00	0.00	0.00	0.00	0.00
负债合计	0.00	18.62	27.61	55.77	93.87	195.38
股东权益	—	—	—	—	—	—
实收资本	200.00	200.00	200.00	200.00	200.00	200.00

续表

	第一年初	第一年末	第二年末	第三年末	第四年末	第五年末
资本公积	0.00	0.00	0.00	0.00	0.00	0.00
盈余公积	—	0.24	0.81	1.25	1.54	2.10
未分配利润	0.00	23.27	79.94	124.10	152.55	207.60
股东权益合计	200.00	223.51	280.75	325.35	354.09	409.70
负债和所有者权益合计	200.00	242.13	308.36	381.12	447.96	605.08

（6）财务能力综合评价

1）财务状况综合能力

目前财务状况良好，未出现财政赤字现象，处于前期财务投入较大盈利较少的投资阶段。

2）盈利能力

目前处于基础筹备，盈利收入较少，未来将关注现金收入情况，留意是否具有持续盈利的能力和其他新的利润增长。

3）偿债能力

目前处于创业初始阶段，资本与债务结构合理，不存在债务风险，未来偿债能力将处于同行业领先水平。仍然有采取积极措施进一步提高偿债能力的必要。

4）现金能力

目前现金流量安全性较强，未来将着重关注现金管理状况，了解是否会发生现金不足的状况及原因，提出解决办法。

5）运营能力

公司未来将着重关注如何充分发挥潜力，使得公司发展再上台阶，给股东更大的回报。

6）成长能力

根据目前情况，公司成长能力处于同行业领先水平，有较强的发展能力，未来成长空间很大。但公司管理层仍然会在未来着重关注薄弱环节。

7. 企业管理

（1）企业定位

1）公司名称：竹构建筑有限责任公司；

2）公司性质：股份有限公司；

3）公司理念：求真务实，创新发展；

4）经营宗旨：实现自我价值，创造社会价值；

5）企业精神：团结、务实、开拓、拼搏、奉献；

6）发展战略：

① 初期战略（1～3 年）

公司发展初期的主营产品为"竹结构设计-竹结构安全复核-竹结构模型试验-竹结构设计优化-竹结构检测与评估-全国大学生结构竞赛咨询"的多维度服务，公司采用市场渗透策略，与河南省及周边省份的各类竹结构建筑项目工程开展合同式服务合作，为他们提供设计咨询、安全复核、运营维护、补强加固等服务。经过 3 年的产品适应期，本公司的产品可凭借生产成本优势，在 3 年内争取占有 30%的市场份额；同时继续开发研制竹结构模型设计软件；通过产品的销售收回初期投资，获取利润，并扩大生产规模。

② 中期战略（3～5 年）

采用市场改善策略，通过改进产品生产技术，提高产量，压缩生产成本，进一步完善主营业务；同时建立系列产品来分散单一产品风险，增强企业竞争力；进行一体化投资，向下游产品发展，继续扩大产品的市场占有率；加强企业管理，提高公司的盈利能力，健全公司的营销网络。

③ 长期战略（6～10 年）

采用市场扩张策略，利用公司竹结构模型设计与安全评估方面的技术优势，开发研制多种类型的竹结构模型设计产品，拓宽市场至全国范围，进军竹结构建筑行业终端市场。

（2）公司主要组织架构

公司主要组织架构见图 6-9。

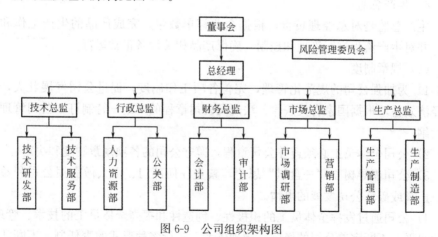

图 6-9 公司组织架构图

（3）人员职责

1）总经理

总经理是对董事会负责，领导、执行、实施董事会的各项决议并定期汇报相关进展情况，完成年度经营目标。组织制定、修改、实施公司年度经营计划，领导建立公司与客户、供应商、合作伙伴、上级主管部门、政府机构、金融机构、媒体等部门间顺畅的沟通渠道。

2）技术总监

技术总监是对总经理负责，协助总经理完成董事会交付的技术范围内的工作和任务。推动技术的研发和改进工作，提供更加完善的技术咨询和服务。

3）行政总监

行政总监是对总经理负责，协助总经理完成董事会交付的年度工作，通过计划、组织与领导来实现对企业行政事务的管理与监控，并负责企业人才招聘、培训、绩效和薪酬管理等工作。

4）财务总监

财务总监是对总经理负责，制定企业财务管理的各项规章制度并监督执行，编制并下达企业的财务计划。负责企业的财务管理、资金筹集、调拨和融通，合理控制使用资金。负责成本核算管理工作，建立成本核算管理体制系，制定成本管理和考核办法，探索降低目标成本的途径和方法。

5）市场总监

市场总监是对总经理负责，协助总经理制定销售战略计划、年度经营计划、业务发展计划，拟定销售管理办法、协调、指导、调度、检查、考核。并做好市场调研工作，做好对外销售点联络工作，组织产品的运输、调配，完善发运过程的交接手续。

6）生产总监

生产总监是对总经理负责，根据企业订单数量，完成产品的生产工作和任务，并对生产流程进行管理和控制，确保产品相关设备正常运行。

（4）规章制度

1）为加强公司的规范化管理，完善各项工作制度，促进公司发展壮大，提高经济效益，根据国家有关法律、法规及公司章程的规定，特制订本公司管理制度大纲。

2）公司全体员工必须遵守公司章程，遵守公司的各项规章制度和决定。

3）公司倡导树立"一盘棋"思想，禁止任何部门、个人做有损公司利益形象、声誉或破坏公司发展的事情。

4）公司通过发挥全体员工的积极性、创造性和提高全体员工的技术、管理、经营水平，不断完善公司的经营、管理体系，实行多种形式的责任制，不断壮大公司实力和提高经济效益。

5）公司提倡全体员工刻苦学习科学技术和文化知识，为员工提供学习、深造的条件和机会，努力提高员工的整体素质和水平，造就一支思想新、作风硬、业务强、技术精的员工队伍。

6）公司鼓励员工积极参与公司的决策和管理，鼓励员工发挥才智，提出合理化建议。

7) 公司实行"岗薪制"的分配制度,为员工提供收入和福利保证,并随着经济效益的提高,逐步提高员工各方面待遇;公司为员工提供平等的竞争环境和晋升机会;公司推行岗位责任制,实行考勤、考核制度,评先树优,对作出贡献者予以表彰、奖励。

8) 公司提倡求真务实的工作作风,提高工作效率;提倡厉行节约,反对铺张浪费;倡导员工团结互助,同舟共济,发扬集体合作和集体创造精神,增强团体的凝聚力和向心力。

9) 员工必须维护公司纪律,任何违反公司章程和各项规章制度的行为都将予以追究。

8. 引领行业发展

（1）创新引领

现代竹结构建筑作为一种新型的非常规建筑体系,本就具备绿色、环保以及可持续发展的特性,符合未来建筑业的发展要求。本项目从竹结构的研究价值、材料和技术的发展,结合现代建筑物的构造与连接技术等多方面的研究,以竹结构的"缩尺试验"为基础从建筑力学层面系统分析现代建筑体。

结合国内外竹结构建筑的发展与应用情况,探索竹结构"缩尺试验"现代建筑体发展的科学性和其中存在的问题。竹结构的材料与技术必须与非传统的研究模式紧密结合才能够得到充分的运用。

运用系统论思想分析建筑系统中建筑与结构、建筑师与工程师、材料与技术等内在因素对建筑系统的影响。在现代建筑系统中,建筑师与工程师作为材料与技术的应用者与研究者应紧密配合,才能促进非常规材料与技术的更新。从环境、经济学、科学技术、社会文化四个方面分析外界因素对竹结构"缩尺试验"科学性和精确性的影响,并总结在各因素影响下的客观规律。提出一种新型建筑体"缩尺试验"检验现代建筑物的科学方法。以一种低成本、高时效、高安全性的方法,降低现代建筑施工监测的复杂性。

（2）发展引领

建筑是人类生存环境中的一部分,它与自然环境是紧密相连的,并在社会、经济以及文化各层面上彼此依赖。现代建筑体系的发展应适应时代的需求,以可持续发展观念为基础,综合考虑建筑体系中各安全因素的影响,提倡广泛的多学科合作,需要更多科学的检测方法。

技术是推进社会发展的决定性因素,在建筑系统中,技术是完成建筑设计的重要手段,技术具有创造力。本公司"缩尺试验"技术为建筑安全检测提供了创新性手段。基于环境影响因素层面考虑,现代建筑体系的发展应从以人为中心转向建筑与自然和谐发展,创建共生共存的生态发展观;本公司致力于新型竹材料模型技术的发展，低成本、高时效，安全可控，符合国家新发展理念，努力创造建筑环境与生态环境平衡发展的建筑体系与机制。

在影响建筑系统的诸多因素中，建筑材料、工程技术、建造模式以及审美取向都随着社会经济和文化的发展而改变。经济社会中，技术无疑为建筑业带来良好的经济效益，但文化始终是孕育建筑的源头，建筑作为一种人类文化的重要表现形式，应更加注重文化与技术的有机结合。综合分析生态环境、经济、技术、社会和文化等影响因素，平衡各个要素之间的矛盾，因地制宜地探索合理的发展模式和方法。

（3）增加就业

项目当前虽然处于创意计划阶段，但已准备正式注册公司，开始创业，持续推动项目的发展，扩大团队的规模，提供就业岗位。团队的核心成员是 5 人，预计一年内注册成立公司，先招揽各专业人才，包括技术研发、财务审计等方面就业人员 8～10 人。在三到五年内公司步入正轨，开始稳定发展，有更多资金可以投入到项目研发、渠道扩展、市场营销时，将会进一步扩大团队规模，预计能提供 25～30 个就业岗位。

高校是创新创业教育的重要阵地，开展大学生创新创业教育极其具有必要性，且创新创业项目的研发则能提升团队成员的创新创业意识以及能力。本项目具备学科交叉和专创融合带来的综合性、创新性，项目的研发、团队规模的扩大，对参与项目的成员以及本团队所影响到的科技类社团成员而言，本项目能帮助他们掌握就业所需的专业技能，间接推动就业；而对本项目所处领域而言，项目的研发推进则可以促进下游产业，比如结构模型竞赛培训、专业技能培训、新型竹建筑材料研发等的发展兴盛，间接增加就业岗位。

6.7.2　桥梁全链条智能管养先行者

该项目获 2021 年河南省"互联网＋"大学生创新创业大赛暨第七届中国国际"互联网＋"大学生创新创业大赛河南赛区选拔赛高教主赛道本科生创意组一等奖。项目名称：磐云科技——桥梁全链条智能管养先行者；参赛学生：王照、柯旺、张诗嘉、韩思思、李晓雨、张敏、宋帅杰、张燕妖、李恒武、张龙；指导老师：王统宁、汪志昊、赵洋、徐宙元、崔欣、宋智睿。

1. 执行总结

（1）项目背景

据在役桥梁安全与健康国家重点实验室数据显示：国内目前有 447 座桥梁垮塌的案例，从其中 184 座有公开资料标明事故成因的案例来看，49％是由于运营期人为因素及管养不足所造成的。截至 2016 年底公路桥梁总数 80.5 万座，有超过 10 万座桥梁为危桥，比例超过 12％，桥梁平均桥龄仅为 18.2 年，不符合可持续发展的要求。因此，我国桥梁发展从建设高峰逐渐转向养护为主成为必然趋势。

在新基建发展要求下，桥梁养护结合 BIM、大数据、云计算、物联网、人工智能、北斗导航等新技术已成热门研究方向。2020 年 12 月 25 日，交通运输部先后印发了《交通运输部关于进一步提升公路桥梁安全耐久水平的意见》以及《公路危旧桥梁改造行动方案》，宣布"'十四五'期间集中开展公路危旧桥梁改造行动"，强调"全面开展公路桥梁智能装备、智能建造、智能检测、智能诊断、智能预警、智能养护研究和推广应用"，并鼓励"专业化养护企业做大做强，跨区域长期限承担公路桥梁周期性管护任务"。这标志着桥梁智能管养行业将迎来发展的春天。

基于此，本团队在老师和学生相关研究成果的基础上，联合市级重点科学研究服务平台，促进互联网与桥梁健康监测、智慧管养系统的结合，打造全链条桥梁智能管养系统，同时把握新基建时代的机遇，利用 BIM 信息承载传递优势，融合 GIS、移动互联网、物联网、无人机倾斜摄像、三维扫描成像、图像识别等新技术，对面向新建桥梁设计、施工、管养等功能构建基于 BIM 的大型桥梁管养平台；对老旧桥梁开展摸排工作，建立桥梁信息库，为分等级管养加固提供数据支持；对古桥进行数字化保护，建立古桥 BIM 模型，必要时提供管养加固。以"技术为先，创新发展"为理念，拟建立河南磐云科技有限责任公司，致力于为桥梁结构安全与智能管养贡献公司的一份力量。

（2）公司简介

公司拟命名为"河南磐云科技有限责任公司"。磐云科技是一个致力于桥梁管养服务，提供桥梁结构的全方位实时监测、桥梁信息管理、桥梁安全评估、电子化巡检、人工智能辅助决策、智能考勤考核等服务，通过"监测-评估-决策-管养"整体解决方案，将结构远程监测和智能管养技术应用于桥梁工程中，并逐步拓展应用于建筑业、交通运输业、机械制造业等领域的新型技术项目（图 6-10）。

公司坚持以创新为核心，以发展为方向。与郑州市结构振动控制与健康监测重点试验室、郑州市结构检测与性能提升工程技术研究中心、郑州市图像识别与智能信息系统重点试验室、郑州市文物保护信息技术重点试验室开展深入合作，顺应政策引导与时代发展需求，打造集"研、产、学"于一体的综合发展模式。指导老师王统宁高级工程师多年从事桥梁智慧建造与管理以及桥梁承载能力检测、评估与加固技术研究，拥有丰富的工程经验，可为项目提供技术指导。

2. 产品服务与核心技术

（1）全链条管养系统的集成研发

健康监测系统由 4 个基本模块组成，见图 6-11，分别是自动化监测子系统、数据管理子系统、安全预警子系统和用户界面子系统。其中自动化监测子系统用于荷载源及结构响应数据信息、桥梁现场及特殊隐蔽位置状况信息的采集，经过

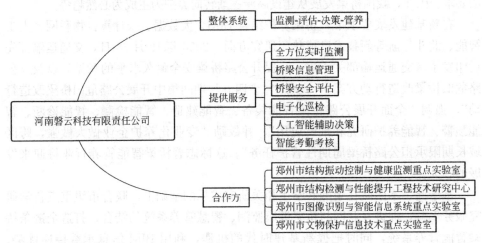

图 6-10　河南磐云科技有限公司

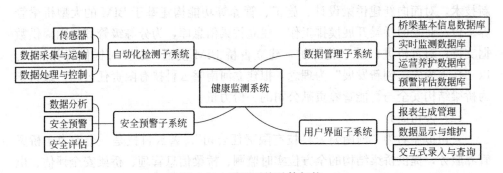

图 6-11　监测系统总体架构

数据预处理后，将采集的数据按照设定的数据格式储存在数据存储与管理子系统中，并对数据进行深入的分析，获得结构的相关参数。然后通过安全预警与评估子系统进行相应的统计分析，结合各特征参数设定的安全阈值实现系统的综合报警和状态评估功能，并由用户界面子系统完成人机交互工作。

（2）桥梁智慧感知与监测服务

桥梁监测服务分为巡检和实时监测两个方面，桥梁巡检又由电子化巡检和人工巡视智能考核组成。

1）电子化巡检：微型无人机摄影测量＋GIS 三维成像技术

传统的获取建筑空间数据的手段单一，多采用人工收集数据的形式，随着雷达、GPS、北斗等高科技的引入，传统测绘正逐步摆脱艰苦的手工作业，真正走向信息化，并逐渐形成天地空一体化空间测量系统。而微型无人机摄影测量技术的应用可以为公司桥梁前期数据采集带来海量的空间数据，实现了与地理信息数据的真正结合。同时微型无人机航空摄影测量技术具有运行成本低、执行任务灵活性高等优点，正逐渐成为航空摄影测量系统的有益补充，是获得空间数据的重要工具之一。微型无人机摄影测量技术为公司带来海量空间数据的同时，结合GIS数据处理软件，形成的三维影像模型不仅仅提供炫目的视觉效果，更重要的是可以真正实现与地理信息数据的结合并提供二维建筑模型，对于桥梁前期检测和后期的管养而言，大有裨益。

2）无线结构检测传感网络技术

无线传感器网络（Wireless Sensor Networks，WSN）是一种分布式传感网络，由部署在监测区域内大量的廉价微型传感器节点组成，通过无线通信方式形成一个多跳的自组织网络系统，其目的是协作地感知、采集和处理网络覆盖区域中被感知对象的信息，并发送给观察者。传感器、感知对象和观察者构成了无线传感器网络的三个要素。它的末梢是可以感知和检查外部世界的传感器。无线传感器网络使传感器形成局部物联网，实时地交换和获得信息，并最终汇聚到物联网，形成物联网重要的信息来源和基础应用。而在桥梁上应用该体系，也可以起到实时监控桥梁形变的作用。

3）超声波无损检测技术

无损检测（Non Destructive Testing，简称NDT）是现代检测技术中最为突出的一门技术，具体是指在不损害被检测对象使用性能和内部组织结构的条件下，借助现代化的技术与设备器材，对被检测对象内部及表面的结构、性质、状态、数量、形状、位置等进行检查及测试的方法。在工程施工或者竣工验收时，无损检测能够对工程各环节进行质量检测，及时发现道桥中存在的问题，并找出具体的位置。为后续工作人员的处理提供重要参考，避免了工程中不必要的成本耗损，能够较大程度上提高工程质量，延长道路桥梁工程的寿命，在桥梁的管理和养护方面起着十分重要的作用，为人们的出行提供一个安全的道路环境。

在道路桥梁的工程测量中，无损检测主要用于与道桥结构安全有直接关系的宏观力学特性与缺陷检测等。利用无损检测对道路桥梁进行工程测量的具体流程，见图 6-12。

4）互联网"医生"诊断法

随着互联网和计算机网络技术的飞速发展，结构的病害诊断已经进入远程诊断阶段，可实现快速高效的异地监诊，同时大范围共享诊断资源，形成丰富的诊断数据库和诊断知识库。形成了缩短结构修复时间、节约人力物力、降低维修成本、提高服务质量、增强产品服务竞争力等优势。

本公司将与设计院展开深入合作，通过科普讲座和技术培训等方式积极推广桥梁智能管养以及病害诊断服务，使桥梁智能管养理念深入设计工作人员脑海。邀请全国知名桥梁智能管养专家入驻平台，通过典型案例，利用大数据技术进行比对快速找到桥梁结构问题所在，极大地减少了分析的时间；同时将依托互联网

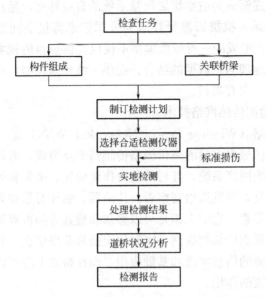

图 6-12　无损检测对道路桥梁进行工程测量具体流程

建立一套方便、快捷、高效的系统，客户通过拍照上传至系统，完成"云诊断"，建立"云平台"，抓住"云典型"，保证桥梁结构平时有监控，病时速"就诊"，忧时能"保健"。

互联网"医生"诊断法有很多种，最为常用且较有代表性的是"人工神经网络"，神经网络以生物神经系统为基础，模拟人脑的功能。由许多处理单元（神经元）相互连接组成，按照一定的连接权获取信息的联系模式，根据一定的学习规则，实现网络的学习和关系映射。神经网络以其强大的学习能力，非线性变换型和高度的并行运算能力，对新输入的泛化能力和对噪声的容错处理能力等优势，为系统（尤其是非线性系统）的辨识等提供一条非常有效的途径。

（3）人工巡视智能考核

传感器所测数据较为准确且易为统计，但由于经济能力限制以及部分桥梁已修缮完成不易添加传感器，在桥梁检测前期针对部分中小桥梁以及不易添加传感器桥梁可优先使用人工检测。

人工巡视主要通过管养系统的智慧层模块对工作人员的智能终端中派发的巡查计划、出勤里程以及实际完成情况自动统计并进行绩效考核，从而起到激励作用，提高员工的工作积极性，提高工作效率。

1）人工检测内容

桥梁人工检测按照检查频率分为日常检查、经常性检查和定期检查，其中定期检查可分为常规定期检查和特殊定期检查，日常检查又分为日检和夜检，在日常检查中主要通过桥梁检查车对全桥进行巡视检查，判断白天桥梁桥面系中伸缩缝、护栏、排水系统是否正常，夜间巡视检查各个照明设施以及标志是否清晰等，经常检查主要偏重结构性检查，检查结果是否处在危险的工作状态，并对桥梁构件的技术状况给出初步判断。定期检查主要是根据桥梁的运行年限对桥梁做比较全面的综合检查，并在最终按照现有规范对桥梁的技术状况给出具体评定。特殊检查主要是桥梁在经自然灾害或外物撞击或火灾等突发性损伤后进行的检查，主要判断桥梁的抗灾能力。

2）人工成果的客观化

人工检测具有经济等优点，但同时也使得数据具有很大的主观性，实现人工检测由主观性到客观性的转化是亟须攻克的难题。

公司采用图像识别以及建立系统的方法增强人工检测的客观性。图像识别主要结合微型无人机摄影测量与GIS三维成像技术进行摄影成像，也可通过员工手机拍照工具的像素以及辅助工具得以实现，拍照时将会在视野内同时放入已知尺寸大小的辅助工具，拍照后将照片上传至所建立的系统，系统将根据拍照角度以及辅助工具的尺寸自动测算出所需裂缝或基础下沉位移等桥梁安全检测中的重要影响参数，从而实现人工主观性到客观性的转变，尽可能减少人工主观产生的误差。

3）人工检测智能打卡

人工检测具有不及时性与不确定性，部分检测队伍可能由于个人原因逃避工作，或在桥梁发生毁坏后伪造数据，造成数据虚假，失去参考价值。针对这个可能，公司研发了智能打卡服务。

智能打卡主要为工作场地的"刷脸打卡"，适用于各企业单位监督、掌握职工每天上下班时的迟到、早退、旷工等情况。每位职工上班和下班时只要将面部映入手机打卡系统，系统即会把这位职工当前上班或下班时的时间记录保存在主机内存中；同时为防止员工仅在上班初始与结束时间到达工作场地进行打卡，系统设定将不定时每隔一段时间对员工提出检测要求，对其工作状态进行检测以防其中途离开。记录可随时供管理人员查询及打印，实现上下班管理自动化。

本系统在推广初期将会与服务一同免费提供给使用客户，并根据客户反馈不断迭代升级，待使用一段期限后，技术趋于完善时将进行收费。

（4）桥梁智能评估服务

随着桥梁数量增加、桥龄日增，桥梁管养压力与资金缺口必然日益增大，以人工检查、经验决策和纠正式养护为特点的传统管养模式，将越来越难以满足古现代桥梁管养需求，为实现提质、增效、降本的桥梁养护本质需求，必然要求桥梁管养模式逐步转向以精准决策和预防性养护为特色的智能管养模式。我司将基于BIM三维技术，融合GIS、移动互联网、物联网、无人机倾斜摄像、三维扫描成像、图像识别等新技术所建立的桥梁智能管养系统，通过系统的桥梁大数据分析，提出相应的养护建议，结合专家建议，确定最终的养护方案，实现桥梁的信息化、可视化和精细化管理，提高桥梁管养工作的效率。

（5）桥梁养护与加固服务

桥梁经过长期运营，承载力出现不同程度的下降，特别对于混凝土桥梁，受到混凝土老化的影响，桥梁出现不同程度的开裂，轻则影响桥梁寿命，重则会引发桥梁事故危害生命安全。所以，桥梁需要进行定期管养和加固。桥梁管养是指保证桥梁功能始终处于良好工作状态，所进行的经常性的检查和维修养护工作。桥梁加固，就是通过一定的措施使构件乃至整个结构的承载能力及其使用性能得到提高，以满足新的要求。也就是要针对桥梁所发生的不能满足继续使用的状况进行处理。加固的原因有桥梁耐久性差和年久老化、设计失当或施工质量差等。通过桥梁加固后，可以延长桥梁的使用寿命，用少量的资金投入，使桥梁能满足交通量的需求，还可以缓和桥梁投资的集中性，预防和避免桥梁坍塌造成的人员和财产损失。

3. 其他内容

商业模式、市场分析、市场营销、投资分析、财务分析与预测、风险分析与退出机制和公司管理体系等内容与"竹构建筑——致力于推广竹结构建筑的先行者"项目相似，值得注意的是每个项目需要根据自身项目特征进行替换和特色化处理。限于篇幅，这里不再赘述。

第7章

大学生结构设计竞赛

7.1 大学生结构设计竞赛简介

全国大学生结构设计竞赛始于 2005 年，是由浙江大学倡导并牵头，国内 11 所高校共同发起，经教育部和财政部发文批准的全国性学科竞赛项目，是土木工程学科培养大学生创新精神、团队意识和实践能力的最高水平学科性竞赛，被誉为"土木工程专业教育皇冠上最璀璨的明珠"。

截至 2023 年，大赛已举办 16 届。2023 年第十六届全国大学生结构设计总决赛由在 31 个省（自治区、直辖市）的 581 所高校、1463 支参赛队（本科 1327 支队、专科 136 支队）中择优选拔产生的 118 所高校 119 支精英队参加。从设置有土木工程专业学校的校内比赛到全国大学生结构设计竞赛各省份赛区赛再到全国大学生结构设计竞赛（以下分别简称"校赛""省赛""国赛"），全国大学生结构设计竞赛的晋级赛制更加完善，土木工程相关专业学生的参与规模再创新高，赛题的选题背景也更加贴合新时代我国城市化发展进程的需要，如 2008 年第二届国赛的两跨双车道桥梁结构、2015 年第九届国赛的山地桥梁结构、2016 年第十届国赛的大跨度屋盖结构、2017 年第十一届国赛的渡槽支承系统、2021 年第十四届国赛的变参数桥梁结构、2023 年第十六届国赛的撞击荷载下变参数两跨四车道桥梁结构、2023 年第十届河南省赛的组合桥梁结构。这对培养土木工程相关专业学生成为满足新时代发展需求的卓越土木工程师有着非凡的实践意义。

1. 结构设计竞赛的晋级赛制与奖项设置

从 2005 年由浙江大学发起竞赛至今，结构设计大赛不断发展变革，形成了有土木工程专业高校的校赛、省赛、国赛的完整赛制，省赛和国赛在全国大学生结构设计竞赛组委会指导下分别在每年 4—7 月和 10 月（一般为 10 月的第 2 个周末）进行，校赛由设置有土木工程专业的各高校组织。

每年 10 月进行的全国大学生结构设计竞赛总决赛名额由国赛发起高校、各省级分赛区根据省赛结果与国赛分配名额的决出高校、国赛当年和近三届承办高校组成。

自 2023 年 3 月由太原理工大学承办的第十五届国赛始，国赛参赛队获奖比例改革为 35% 一等奖、50% 二等奖、15% 三等奖，省赛一等奖获奖队伍数须严格控制为当届总队伍数的 15%，且同一所院校参赛队不得超过 4 支队伍，如超过仍按 4 支队伍核定获奖比例，除根据各省份赛区国赛参赛队伍数分配规则晋级国赛队伍外，各省赛一等奖队伍可申报国赛三等奖，但各高校国赛获奖总队伍数不得超过 2 支。

2. 结构设计竞赛的备赛策略

全国大学生结构设计竞赛历经 18 年风雨，赛题紧跟我国土木工程发展潮流，备赛过程也更具挑战性，对参赛师生的知识储备与应用创新能力提出了新的要求，具体体现在：

1）模型重量大幅下降

自 2023 年太原理工大学承办的第十五届国赛开始，出现质量 100g 以下满载满级通过的参赛模型。

2）赛题设置尺寸和荷载等变参数条件

2021 年上海交通大学承办的第十四届国赛和 2023 年长沙理工大学承办的第十六届国赛赛题出现模型尺寸和荷载变参数、2023 年太原理工大学承办的第十五届国赛赛题出现荷载变参数以及装配式节点。

在工程上，结构设计大多采用的是"先经验后验算"的设计策略，比如，在框架结构设计中，根据梁的跨度得出估算的梁截面，建立结构整体计算模型计算分析，根据结果调整计算模型的结构尺寸直到不再出现警告信息。这种传统的结构设计策略，方便了施工出图，但造成了一定程度的材料浪费，基于上述两点结构竞赛发展新要求，迫使参赛师生转变传统的工程师思维，以"反向"结构设计的视角审视赛题，完善自身的备赛思路。

目前，华北水利水电大学参赛团队的备赛策略见图 7-1。相比传统的备赛方式，我校策略更注重结构概念设计阶段的分析计算，通过使用 MIDAS CIVIL 与 MIDAS FEA NX 联动的多尺度分析方法，直接在整体模型上截取待分析的节点，导出到 MIDAS FEA NX 对节点进行分割、印刻、连接等修饰后，经由网格划分再导回 MIDAS CIVIL，与整体杆系模型合并、连接，此方法无需进行节点边界近似处理，无需输入内力，计算结果更接近实际结构，大幅提升结构概念设计效率和模型可靠性，同时，使用万能试验机，对拉索、杆件、节点开展试验，在保证结构安全储备下优化结构冗余。

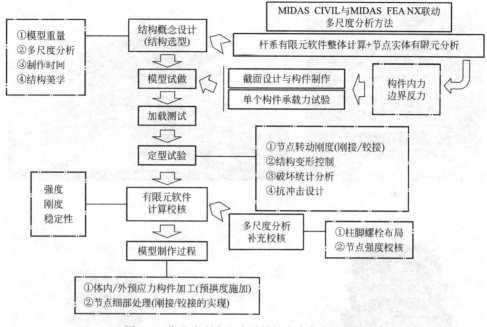

图 7-1 华北水利水电大学结构竞赛备赛流程图

7.2 竹构件抗扭性能研究

经过多年发展，全国大学生结构设计竞赛赛题的选题背景也愈加丰富多样，如第八届国赛的西安钟楼、第十三届国赛的高压输电塔、第十四届国赛的变参数大跨度桥梁、第四届河南省赛的安阳文峰塔、第八届河南省赛的附着式脚手架，其中基于古建筑的木塔结构模型设计多次出现，如 2012 年第六届国赛的"受泥石流冲击的吊脚楼设计"、2014 年第八届国赛的"三重檐攒尖顶仿古楼阁模型制作与测试"、2022 年第十五届国赛的"三重木塔结构模型设计与制作"、2015 年第四届河南省赛的"仿古塔楼模型制作与测试"，见图 7-2（a）～（d）。

在上述 4 次大赛中，2014 年第八届国赛与 2015 年第四届河南省赛的荷载为地震作用，2012 年第六届国赛为冲击荷载，这两类荷载都会使结构产生扭转响应，2022 年第十五届国赛与 2020 年第九届河南省赛更是直接设置了扭转荷载。

目前，没有检索到竹结构模型的单个构件抗扭承载力和整体结构抗扭性能的研究，故本项目拟通过模型试验和有限元软件多尺度分析研究竹制框架结构模型的构件抗扭承载力和结构抗扭性能，为我校参加结构设计大赛提供强有力的支撑，同时也为竹（木）塔类古建筑修复保护提供技术支持。

(a)   (b)

(c)   (d)

图 7-2　古建筑木塔（图片来源于网页报道）

（a）某吊脚楼；（b）西安钟楼；（c）应县木塔；（d）安阳天宁寺塔（文峰塔）

7.2.1　国内外研究现状和发展动态

1. 构件截面设计

结构大赛用竹材规格和参考力学指标见表 7-1 和表 7-2。

竹材规格　　　　　　　　　　　　　　　　　　　　　表 7-1

	竹材规格	竹材名称	标准质量(g)
竹皮	1250mm×430mm×0.50mm	本色侧压双层复压竹皮	85.0
	1250mm×430mm×0.35mm	本色侧压双层复压竹皮	150.0
	1250mm×430mm×0.20mm	本色侧压双层复压竹皮	210.0

续表

竹材规格		竹材名称	标准质量(g)
竹杆件	930mm×6mm×1.0mm	集成竹材	4.5
	930mm×2mm×2.0mm	集成竹材	3.0
	930mm×3mm×3.0mm	集成竹材	6.5

竹材参考力学指标　　　　　　　　　　　　表 7-2

密度	顺纹抗拉强度	抗压强度	弹性模量
0.8g/cm³	60MPa	30MPa	6GPa

2. 竹制箱型截面构件性能

聂诗东等类比钢结构轴压构件的研究方法对 0.35mm 与 0.50mm 两种厚度规格竹皮制作的等边箱型截面柱在不同宽厚比下的整体稳定性性能进行了研究，通过对试验数据的分析拟合，提出了竹皮轴压箱型构件柱子曲线，给出了受压构件临界长细比。

3. 竹制构件试验破坏形态

王永宝等使用构件荷质比作为评价指标，提出了不同截面不同制作方式的箱型截面受压构件存在端部断裂、中间截面断裂、竹皮或棱角开裂破坏等破坏形态，见图 7-3～图 7-5。

图 7-3　端部破坏形态

图 7-4　跨中破坏形态

4. 结构体系选型与方案设计

刘欢等分别以 2cm、5cm、8cm 的耗能梁段长度对单斜式耗能对竹制偏心支撑框架体系进行了水平加载试验研究。与中心支撑框架相比，在大地震作用下，偏心支撑框架结构通过耗能梁段变形耗散地震能量，保证斜支撑不屈曲，具有良好的延性和耗能能力。试验表明，耗能梁段长度 5cm 的试验结构可以有效控制支撑屈曲，改善结构的延性和承载力，见图 7-6；耗能梁段长度 5cm 的试验结构抗侧刚度最好。

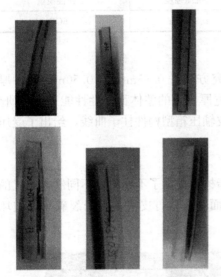

图 7-5 棱角开裂破坏形态

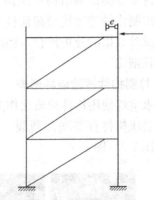

图 7-6 偏心支撑框架结构示意图

陈庆军等对第十二届国赛的模型按照某项较为明显的结构特性进行了区分，见图 7-7。

薛建阳等制作了一个冲击荷载下的 4 层吊脚楼框架结构模型模拟实际吊脚楼结构。使用 ABAQUS 对结构进行全过程模拟分析，指出撞击时在柱子与撞击板接触的地方存在局部破坏，但顶层位移未超过 3mm，位移角不足 3/1000，结构整体不致倒塌。

程远兵等设计了图 7-8 所示能量转换梁在撞击后产生水平位移的同时能够带动上部子结构的升高，将外部撞击的水平动能转换为上部子结构升高所需的势能，通过计算与试验分析，结构抗冲击性能良好。

5. 分析计算方法

现有的结构模型多采用 MIDAS CIVIL 等杆系有限元软件或 ANSYS、ABAQUS 实体仿真软件计算分析，采用杆系有限元软件分析计算相比实体仿真方法建模分析效率更高，但对于节点或直接承受荷载的部位不能进行细部分析，且分析与实际误

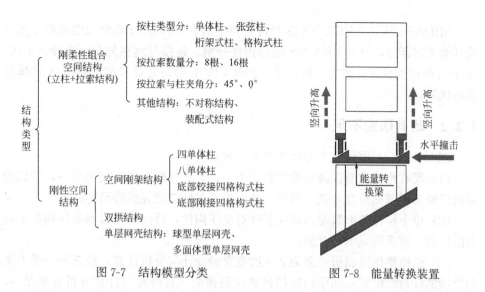

图 7-7　结构模型分类　　　　　　　图 7-8　能量转换装置

差很大，比如，在 2022 年国赛，团队分析与制作的竹塔模型，塔顶结构 MIDAS CIVIL 分析的变形结果见图 7-9（a），与实际加载的变形，见图 7-9（b），严重不符。

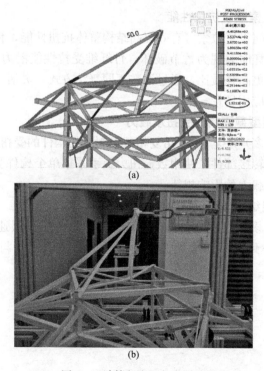

（a）

（b）

图 7-9　计算与实际加载结果

（a）MIDAS CIVIL 分析的变形结果；（b）实际加载的变形结果

MIDAS CIVIL&FEA NX 多尺度分析通过在 CIVIL 计算模型中截取节点域或其他关键部位，导入 FEA NX 进行构件分割、连接与网格划分，再导入 CIVIL 并与原模型合并。这种分析方法，兼具 CIVIL 分析速度快和 FEA NX 实体仿真的优势。

7.2.2　现有研究不足

综上可知，当前研究主要存在以下不足：

（1）现有构件截面以薄壁箱型截面为主，形式与构造措施较为单一，难以应对构件棱角即截面角部开裂等破坏，截面形式与构造措施亟待研究；

（2）单个构件的承载能力研究多针对受压构件，目前未检索到受扭构件承载力的研究，相关研究亟待开展；

（3）结构整体性能研究多为某一次竞赛的设计与分析计算，缺乏某一受力类型结构的针对性研究，如结构抗扭性能试验研究，且研究与计算分析方法单一，难以适应结构竞赛"大荷载""大体量"的发展趋势。

7.2.3　项目主要研究内容

1. 新型复粘拉索顺纹抗拉性能

在框架结构层间设置拉索可有效提高结构整体抗扭性能，传统竹制拉索多采用竹皮纸制成，破坏时表现为竹节破坏，竹纤维受拉性能潜力未得到有效发掘，新型复粘拉索拥有更高强质比，通过调整不同复粘方式，灵活选定拉索宽度等参数，丰富了竹拉索应用场景。

2. 新型抗扭箱型截面构件受扭承载力

基于新型双（多）层复粘/棱角复粘截面制成的构件的受扭试验，使用 3D 打印技术，设计专用转接部件，使用数显扭力扳手采集单个构件受扭承载力值，研究其破坏模式和承载力的影响规律。

3. 新型竹框架结构体系抗扭性能

采用新型双（多）层复粘竹框架结构体系，与传统单层速粘截面柱制成的框架结构对比，得到在不同层数、构造措施下的失效模式与抗扭性能的影响规律。

7.2.4 研究方法与试验过程

1. 本研究技术路线图 (图7-10)

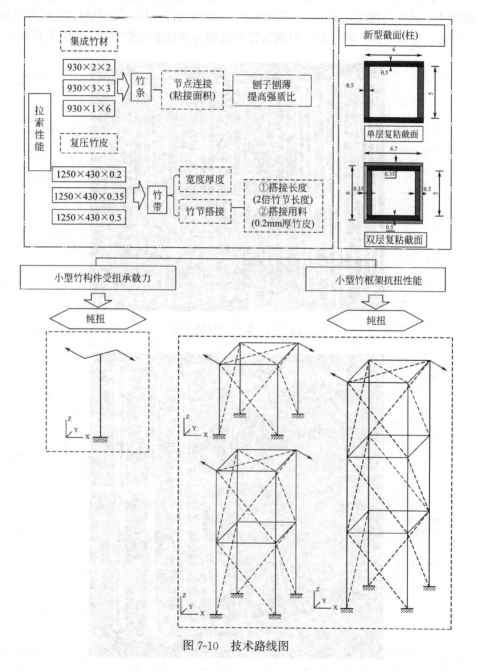

图 7-10 技术路线图

2. 单个构件性能试验

（1）新型复粘竹制拉索顺纹抗拉强度测试

新型复粘拉索由集成竹材和竹皮纸两类规格的竹材制作，主要设计参数为截面尺寸，试件两端增设 15mm×15mm×0.35mm 竹片以防止加载时试验机夹具损伤拉索，见图 7-11、图 7-12。根据《竹材物理力学性质试验方法》GB/T 15780—

图 7-11　集成竹材制拉索

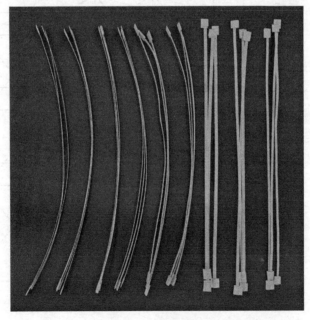

图 7-12　竹皮纸制拉索

1995，加载速率为 200MPa/min。为改变现有研究中竹节破坏的破坏形式，使用 0.2mm 竹皮裁剪为与竹拉索等宽、2 倍竹节长的小片覆盖竹节，实现对竹节材料缺陷的搭接加固，对集成竹材与复压竹皮也分别使用刨子刨薄和双层复粘的方式加固见图 7-13、图 7-14。拉索长度为 500mm±20mm，每组 3 根，各试验组参数详见表 7-3、表 7-4。

图 7-13　集成竹材刨薄

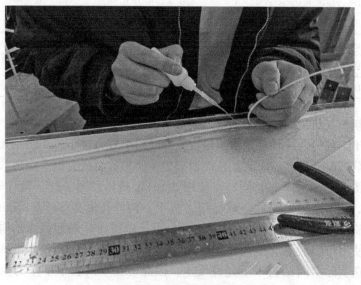

图 7-14　竹带双层复粘

集成竹材制拉索参数表 表 7-3

序号	试验组编号	集成竹材断面尺寸 （宽 b ×厚 t）mm	备注
1	A-6.0×1.0	6.0×1.0	—
2	A-6.0×0.7	6.0×0.7	刨薄 0.3mm
3	A-6.0×0.5	6.0×0.5	刨薄 0.5mm
4	A-3.0×3.0	3.0×3.0	—
5	A-3.0×2.0	3.0×2.0	刨薄 1.0mm
6	A-3.0×1.0	3.0×1.0	刨薄 2.0mm
7	A-2.0×2.0	2.0×2.0	—
8	A-2.0×1.0	2.0×1.0	刨薄 1.0mm
9	A-2.0×0.7	2.0×0.7	刨薄 1.3mm

复压竹皮制拉索参数表 表 7-4

序号	试验组编号	集成竹材断面尺寸 （宽 b ×厚 t）mm	备注
1	B-4.0/5.0/6.0×0.20	4.0/5.0/6.0×0.20	—
2	B-4.0/5.0/6.0×0.35	4.0/5.0/6.0×0.35	—
3	B-4.0/5.0/6.0×0.50	4.0/5.0/6.0×0.50	—
4	B-4.0/5.0/6.0×0.40	4.0/5.0/6.0×0.40	0.20+0.20 复粘
5	B-4.0/5.0/6.0×0.55	4.0/5.0/6.0×0.55	0.20+0.35 复粘
6	B-4.0/5.0/6.0×0.70	4.0/5.0/6.0×0.70	0.35+0.35 复粘
7	B-4.0/5.0/6.0×0.70	4.0/5.0/6.0×0.70	0.20+0.50 复粘
8	B-4.0/5.0/6.0×0.85	4.0/5.0/6.0×0.85	0.35+0.50 复粘
9	B-4.0/5.0/6.0×1.00	4.0/5.0/6.0×1.00	0.50+0.50 复粘

（2）新型复粘截面柱受扭承载力试验

相比于工程构件或材料，本项目竹杆件受扭承载力过小，无法采用抗扭试验机完成加载试验。因此，团队创新性地提出了使用数显扭力扳手完成数据采集的方案，见图 7-15～图 7-16，同时，使用 3D 打印机，见图 7-17，设计转换接头，见图 7-18，用于连接竹构件与数显扭力扳手。构件长度为 300 ± 10mm，每组 3 根，各试验组参数详见表 7-5，需要注意的是，单层速粘箱型截面的构件抗扭刚度过小，使用目前最小量程的扭力扳手也难以测量，且在较小扭矩下即产生较大扭转角，在实际空间结构中不允许发生。因此，在本试验中不作为变量设置试验组。

图 7-15 拉索加载实景图

图 7-16 加载装置实景图（一）

图 7-16 加载装置实景图（二）

图 7-17　3D 打印机

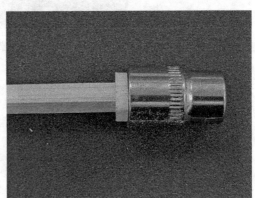

图 7-18　转换接头

新型复粘薄壁箱型截面参数表　　　　　　　　　　　表 7-5

序号	截面尺寸(宽 b×高 h×厚 t)(单位:mm)
1	6.0×6.0×1.0
2	7.0×7.0×1.0
3	8.0×8.0×1.0

3. 竹框架抗扭性能试验

（1）试验方案

竹框架结构抗扭承载力试验共计 18 个框架结构，见图 7-19。框架结构跨度

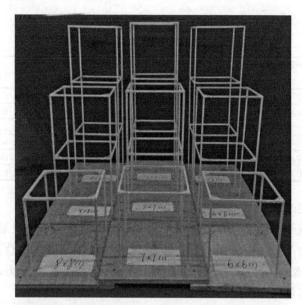

图 7-19 新型复粘箱型截面受扭承载力试验加载实景图（一）

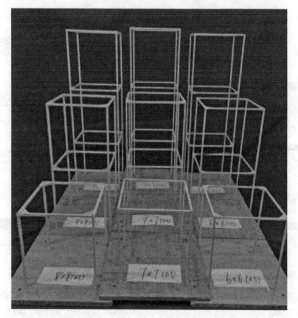

图 7-19 新型复粘箱型截面受扭承载力试验加载实景图（二）

均为 250mm，层高均为 300mm，但层数不同，加载时根据表 7-3 和表 7-4 的各类型拉索承载力，从低到高依次安装拉索，加载终止条件为：框架结构发生较大变形或柱发生破坏，新型复粘薄壁箱型截面参数表见表 7-6。

新型复粘薄壁箱型截面参数表　　　　　　　　　表 7-6

单位：mm

序号	柱截面尺寸 （宽 b ×高 h ×厚 t）	梁截面尺寸 （宽 b ×高 h ×厚 t）	总高
1	6.0×6.0×1.0	5.0×6.0×1.0	300mm/600mm/900mm
2	7.0×7.0×1.0	5.0×7.0×1.0	300mm/600mm/900mm
3	8.0×8.0×1.0	6.0×8.0×1.0	300mm/600mm/900mm
4	6.0×6.0×0.5	5.0×6.0×0.5	300mm/600mm/900mm
5	7.0×7.0×0.5	5.0×7.0×0.5	300mm/600mm/900mm
6	8.0×8.0×0.5	6.0×8.0×0.5	300mm/600mm/900mm

（2）加载架改装

本试验加载架依托第十五届全国大学生结构设计总决赛加载架改装，改装前后加载架立面图与平面图见图 7-20。改装后的加载架可以满足总高 900mm，层高 300mm 的框架结构加载需求，同时具备继续加高改装的潜力，高度 300mm 框架结构加载实景图见图 7-21。

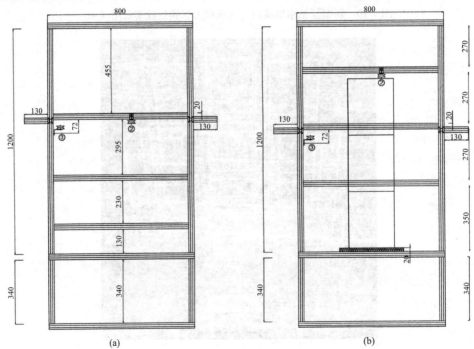

(a)　　　　　　　　　　　　　　　　(b)

图 7-20　加载架改装图（一）

（a）改装前立面图；（b）改装后立面图

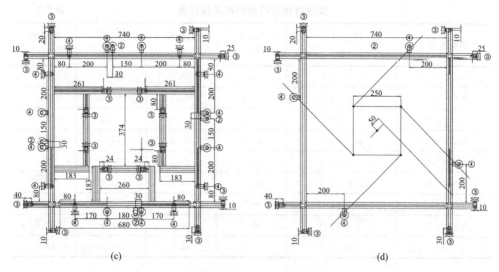

图 7-20 加载架改装图（二）

（c）改装前层平面图；（d）改装后层平面图

图 7-21 高度 300mm 框架结构加载实景图

（3）单个构件性能试验

1）新型复粘竹制拉索顺纹抗拉强度（表 7-7～表 7-9）

集成竹材制拉索顺纹抗拉强度 　　　表 7-7

试验组编号	断面尺寸 （宽 b×厚 t）/mm	第1根 （MPa）	第2根 （MPa）	第3根 （MPa）	代表值 （MPa）
A-6.0×1.0	6.0×1.0	98.3	95.3	95.9	96.5
A-6.0×0.7	6.0×0.7	96.6	97.2	99.4	97.7
A-6.0×0.5	6.0×0.5	90.2	92.4	89.6	90.7
A-3.0×3.0	3.0×3.0	85.6	85.9	87.5	86.3
A-3.0×2.0	3.0×2.0	88.3	85.8	87.3	87.1
A-3.0×1.0	3.0×1.0	87.3	88.4	87.1	87.6
A-2.0×2.0	2.0×2.0	90.2	92.5	93.6	92.1
A-2.0×1.0	2.0×1.0	85.7	84.8	83.9	84.8
A-2.0×0.7	2.0×0.7	83.4	82.5	84.7	83.5

复压竹皮制拉索顺纹抗拉强度 　　　表 7-8

试验组编号	断面尺寸 （宽 b×厚 t）/mm	第1根 （MPa）	第2根 （MPa）	第3根 （MPa）	代表值 （MPa）
B-4.0/5.0/6.0×0.20	4.0×0.20	70.1	70.6	71.2	70.6
	5.0×0.20	72.4	72.2	71.9	72.2
	6.0×0.20	73.6	73.8	72.5	73.3
B-4.0/5.0/6.0×0.35	4.0×0.35	76.2	75.7	76.4	76.1
	5.0×0.35	85.8	84.2	86.1	85.4
	6.0×0.35	88.2	86.3	87.5	87.3
B-4.0/5.0/6.0×0.50	4.0×0.50	76.8	75.4	76.1	76.1
	5.0×0.50	80.3	80.9	81.8	81.0
	6.0×0.50	81.4	81.7	82.2	81.8
B-4.0/5.0/6.0×0.40	4.0×0.40	80.6	73.6	71.1	75.1
	5.0×0.40	85.6	80.5	83.9	83.3
	6.0×0.40	86.7	84.2	87.4	86.1
B-4.0/5.0/6.0×0.55	4.0×0.55	82.6	83.5	80.2	82.1
	5.0×0.55	85.7	87.4	84.3	85.8
	6.0×0.55	89.4	90.6	88.7	89.6
B-4.0/5.0/6.0×0.70	4.0×0.70	83.5	85.9	85.4	85.0
	5.0×0.70	85.5	86.7	89.5	87.2
	6.0×0.70	89.1	89.5	91.1	90.0

续表

试验组编号	断面尺寸 (宽b×厚t)/mm	第1根 (MPa)	第2根 (MPa)	第3根 (MPa)	代表值 (MPa)
B-4.0/5.0/6.0×0.70	4.0×0.70	80.1	78.4	80.8	79.8
	5.0×0.70	85.3	83.6	84.5	84.5
	6.0×0.70	86.1	88.2	87.9	87.4
B-4.0/5.0/6.0×0.85	4.0×0.85	90.2	89.6	90.5	90.1
	5.0×0.85	96.7	94.4	94.9	95.3
	6.0×0.85	100.6	99.7	101.4	100.7
B-4.0/5.0/6.0×1.00	4.0×1.00	103.7	101.5	104.3	103.2
	5.0×1.00	106.4	104.8	108.5	106.6
	6.0×1.00	110.5	108.9	111.7	110.4

2）新型复粘截面柱受扭承载力

新型复粘薄壁箱型截面抗扭承载力　　　　表7-9

截面尺寸 (宽b×高h×厚t)(mm)	第1根 (N·m)	第2根 (N·m)	第3根 (N·m)	代表值 (N·m)
6.0×6.0×1.0	0.32	0.28	0.25	0.28
7.0×7.0×1.0	0.67	0.75	0.81	0.74
8.0×8.0×1.0	0.89	0.93	0.91	0.91

（4）竹框架抗扭性能试验

根据表7-10结果，均选用0.5mm宽作为结构抗扭拉索。

各框架加载终止条件与拉索序号　　　　表7-10

序号	总高300mm	总高600mm	总高900mm
1	拉索断裂,7	拉索断裂,7	拉索断裂,9
2	拉索断裂,4	拉索断裂,7	拉索断裂,9
3	拉索断裂,5	拉索断裂,7	拉索断裂,9
4	拉索断裂,6	拉索断裂,6	拉索断裂,7
5	拉索断裂,4	柱破坏,5	拉索断裂,5
6	拉索断裂,3	柱破坏,4	柱破坏,3

7.2.5　结论与创新点

1. 结论

（1）对现有规格的竹材进行诸如刨子刨薄、竹节搭接加固等加工，可以得到更高强质比的拉索，在拉索宽度方面，各试验组的 5mm 宽竹带性能增幅更大，且加工也更加便捷，因此，推荐使用裁剪 5mm 宽竹带用于制作拉索构件。

（2）单根 300mm 长双层薄壁构件截面抗扭刚度仍然不足，在较小的扭矩下即可出现较大扭转角。因此，薄壁截面在本次试验的截面宽厚比下用于框架结构时，必须设置层间抗扭拉索等类似功能的构件限制变形。

（3）增设层间抗扭拉索的竹框架，外加扭矩均施加于框架结构顶层平面，总高越高，且单层速粘截面宽厚比较大，在总高较高时，容易出现局部失稳，且拉索的破断力低，即在外加扭矩施加较高的条件下，对拉索的强度要求更高。

2. 项目创新点

本项目从截面、构件和结构三个层次系统分析了竹塔结构的抗扭性能及其增强措施，主要创新点为：提出了一种新型高强拉索制作方法，可用于竹框架结构层间拉索，提高整体结构抗扭性能。

（1）采用一种新型双（多）层复粘/棱角复粘截面构件，极大改善了由于胶水强度限制产生的构件棱角破坏现象，同时，克服了传统截面受限于竹皮厚度无法增加截面壁厚，导致截面宽厚比过大极易发生局部失稳的困境，使用极少的材料大大提高了构件的受扭承载力。

（2）提出了一种由对角拉索、耗能构件等辅助构件与新型双（多）层复粘/棱角复粘截面制成的构件，组合构成的新型柔性抗扭结构体系，充分发挥了竹制构件的柔性，提高了结构抗扭性能。同时，采用 MIDAS CIVIL 对试验结构进行了杆系有限元分析，采用 MIDAS CIVIL 与 MIDAS FEA NX 进行了多尺度分析，相比传统的节点实体仿真方式，这种分析方式效率更高且更接近实体结构。

7.3　大学生结构设计竞赛计算书案例

大学生结构竞赛计算书是竞赛的重要组成部分。计算书应包含结构选型、模型计算分析、模型加工工艺和模型荷载试验分析等内容，对学生提出了较高的要求。本节以河南省第十届大学生结构设计竞赛为例，给出华北水利水电大学参赛队的竞赛计算书以供参考。

7.3.1　结构选型与模型试验

1. 赛题要求

赛题要求选手在 16h 内使用竹皮纸、502 胶水、美工刀等材料和工具制作一个桥梁模型，见图 7-22，该模型长 1500mm，宽度在 160～200mm 之间，最大跨桥下净空为 250mm，桥墩中心距不小于 1400mm，各桥墩最宽处不超过 120mm，跨数为 2 跨或 3 跨。

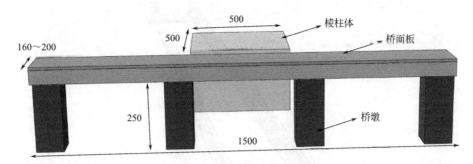

图 7-22 模型轮廓线示意图

加载装置见图 7-23。模型加载分为三级，第一级是小车移动荷载，小车自重与砝码配重共计 5.25kg。第二级是在跨中施加 10kg 的竖向静载。第三级是在第二级不卸载情况下对离桥梁纵向中心最近桥墩的水平冲击荷载，冲击标高为 190mm，冲击钢球约 2.1kg。竞赛承办单位提供的亚克力滑道自重约 2kg，见图 7-24，用于提供行车时的侧向约束，降低加载时小车偏离桥面的可能性。

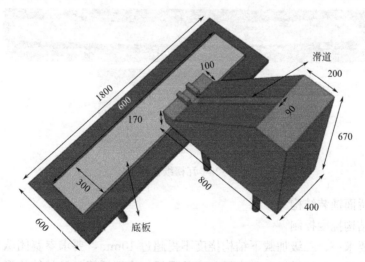

图 7-23 加载装置示意图

本届大赛增设瓦楞纸板专用于桥面铺装材料，瓦楞纸与竹制主结构使用图钉或 502 胶水粘接。瓦楞纸板约重 145g，见图 7-25。如果参赛队不想使用瓦楞纸板铺装，可以自行设计铺装材料。

2. 关键问题分析

（1）桥面铺装结构设计

瓦楞纸板约 145g，重量偏大，为减轻重量，应结合亚克力滑道，以竹皮为

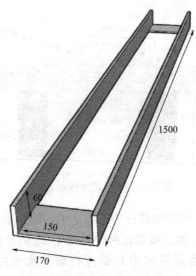

图 7-24 亚克力滑道示意图

图 7-25 瓦楞纸板称重

材料设置桥面铺装结构。

（2）结构挠度控制

赛题要求一、二级加载下结构挠度不得超过 10mm，要求参赛团队在"跨度之王"斜拉桥、系杆拱桥、悬索桥、张弦梁桥、桁架桥等常见的结构形式中，考虑模型自重、制作时间、加工工艺，合理选型，必要时需要采用预应力结构降低挠度。

（3）挂钩设计

三级加载为 2.1kg 的小球从图 7-26 所示高差 0.5m 的滑道滑落，水平撞击图 7-27 所示挂载在模型距离纵向中心最近的桥墩立面上的撞击挂板。撞击中心标高为 190mm，因此挂板上排挂钩的标高为 262mm，下排挂钩的标高为 202mm，挂板下边缘的标高为 130mm。为了减小撞击力，延长力的作用时间，减轻模型自重，需要设计专用挂点构件，例如横梁、挂环等。

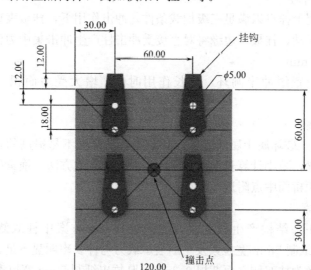

图 7-26 撞击挂板详图

3. 结构选型

（1）冲击荷载结构增强措施

三级冲击作用后，结构因不卸载的二级 10kg 砝码产生的激励作用，产生了直接受冲击的单榀刚架和桁架结构斜腹索的两类破坏。本节将对这两处破坏讨论分析，提出优化措施并加载检验。

1）直接受冲击的单榀刚架

图 7-28 所示破坏分别为非直接受冲击柱的屈曲破坏和直接受冲击柱的节点破坏，二者可以认为是由于刚架沿冲击作用方向防屈曲能力不足导致的。因此，可以考虑如图 7-27 所示优化方案：

图 7-27 上挂点水平横梁实景图

① 增设缓冲环

由于仅使用上挂点以满足三级加载条件，冲击作用下，挂板表现为以上挂点为圆心的钟摆运动，挂板下边缘将对直接受冲击柱产生冲击集中力作用，实际撞击标高约为 135mm。

因此，可设置缓冲半圆环，延长作用时间，增大受力面积，降低冲击作用力。

② 增设横梁

图 7-28（a）破坏属于屈曲破坏，在节点转动刚度不易提高的背景下，在屈曲方向增设横梁，减小计算长度系数，不失为一种有效方法。横梁标高可考虑为刚性支撑标高距桥面中点附近。

③ 加固拉索

冲击作用下，结构产生较大瞬时侧向位移，原方案中柱双侧立面的 2 根 0.2mm 厚竹皮纸制 5mm 宽拉索发生断裂承载力与伸长率明显不足，现考虑采取加固措施，更换为柱双侧立面 2 根 0.35mm 厚竹皮纸制 5mm 宽拉索。

(a)   (b)

图 7-28　直接受冲击柱破坏实景图
(a) 柱屈曲破坏；(b) 直接受冲击柱节点破坏

2）方案比选

系统分析后，选择斜拉桥、悬索桥、上承式桁架桥三种桥型，见表 7-11，经优化的结构实景图见图 7-29，模型照片见图 7-30～图 7-34。

图 7-29　经优化的柱结构实景图

方案比选表　　　　　　　　　　　　　　　　　　　表 7-11

编号	结构形式	主要参数变化	照片
1	斜拉桥	塔高 600mm	图 7-30
2	斜拉桥	塔高 420mm,无塔顶横梁	图 7-31
3	斜拉桥	非最大跨跨中补加地锚	图 7-32
4	悬索桥	边跨悬索地锚	图 7-33
5	上承式桁架桥	—	图 7-34

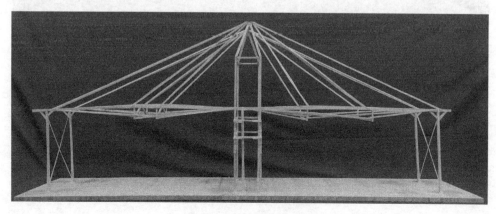

图 7-30　1 号模型实景图

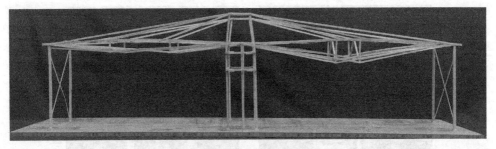

图 7-31　2 号模型实景图

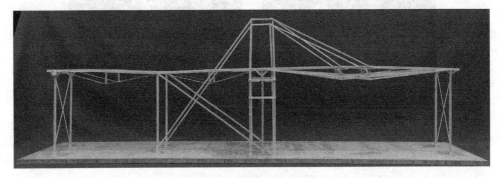

图 7-32　3 号模型实景图

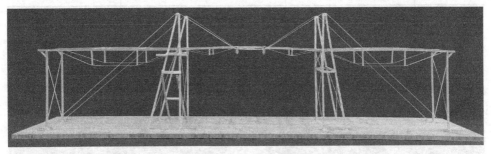

图 7-33　4 号模型实景图

图 7-34　5 号模型实景图

1~4号模型为斜拉桥体系，在第三级冲击荷载作用下，产生了较大的塑性变形，竹皮构件弹性偏差，无法恢复变形，导致结构坍塌。模型5刚度较大，撞击荷载作用下，位移较小，满足竞赛各项控制指标要求。因而，本次结构模型选用桁架桥形式。

（2）参赛模型结构方案

结合5号模型试验，又实施了48个模型的有限元仿真分析，最终选择三跨连续张弦梁桥方案。三跨跨度近似相等，详细尺寸见图7-35。

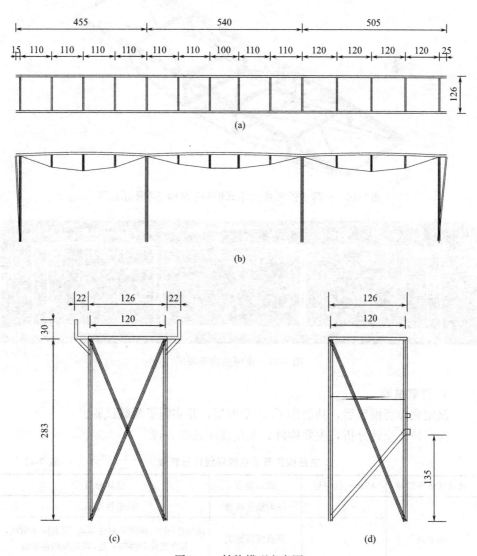

图 7-35　结构模型方案图
（a）俯视图；（b）立面图；（c）边跨柱；（d）直接受冲击柱；（单位：mm）

两边跨采用张弦梁结构，下弦索选择抛物线线形；中跨为最大跨，为保证行车平顺，各跨预拱度相同，受净空影响，跨中张弦竖杆较边跨短 10mm，挠度控制能力下降，且跨中除一级荷载约 5.25kg 移动荷载外，还需满足二、三级 10kg 竖向静载。因此，在中跨补充另一套受力体系——上承式桁架体系，作为辅助受力结构，见图 7-36，模型实物正视图见图 7-37。

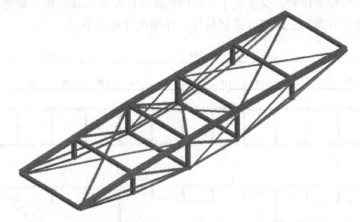

图 7-36　中跨"张弦梁-上承式桁架"结构三维图示意图

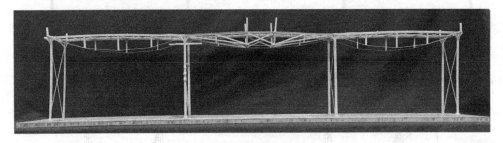

图 7-37　模型实物正视图

4. 荷载试验

确定完参赛模型后，共制作了 58 个模型，并实施了荷载试验。

构件破坏统计分析，主要构件、节点破坏见表 7-12。

表 7-12

主要构件与节点破坏统计分析表

破坏实景图图号	破坏点位序号	破坏类型	破坏分析
图 7-38	1	拉索脆性断裂	拉索强度不足
	2	节点疲劳断裂	激励作用下，桥面周期性摆动，拉索拉压循环，节点抗疲劳性能不足，需采取构造措施
	3	拉索脆性断裂	拉索强度不足

续表

破坏实景图图号	破坏点位序号	破坏类型	破坏分析
图 7-38	1	偏心受剪破坏	安装偏离轴线,手工质量问题
	2	拉索脆性断裂	拉索强度不足
图 7-38	1	拉索脆性断裂	拉索强度不足
	2	拉索脆性断裂	拉索强度不足
	3	偏心受剪破坏	安装偏离轴线,手工质量问题
	4	轴心受剪破坏	节点失效(由 A 点至 B 点),胶水粘接 强度不足,手工质量问题

图 7-38 破坏照片（一）

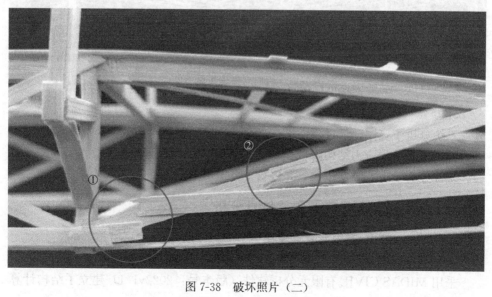

图 7-38 破坏照片（二）

193

图 7-38 破坏照片（三）

另外桁架结构斜腹索也会因强度不足导致的脆性断裂，因桥面周期性摆动导致拉索疲劳破坏（图 7-39）。如图 7-40 和图 7-41 所示将桁架下弦索更换为双层0.2mm 厚竹皮纸制 4mm 宽高强索，见图 7-42，经加载试验校核，高强索与主结构均工作良好。

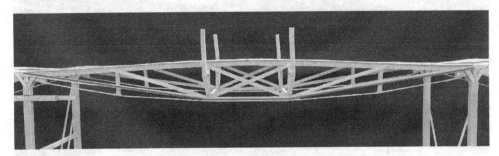

图 7-39 桁架高强索布设方案

5. 小结

系统分析了赛题，经过模型试作与荷载试验，最终选用的三跨桁架桥结构模型，并采用张弦预应力结构降低荷载作用下结构挠度。开展了 58 个模型加载试验，统计分析了主要破坏模式，并进行了针对性加固处理。

7.3.2 结构模型多尺度有限元仿真分析

1. MIDAS CIVIL 有限元软件建模

（1）结构模型

采用 MIDAS CIVIL 有限元分析软件（版本号：2022v1.1）建立了结构计算

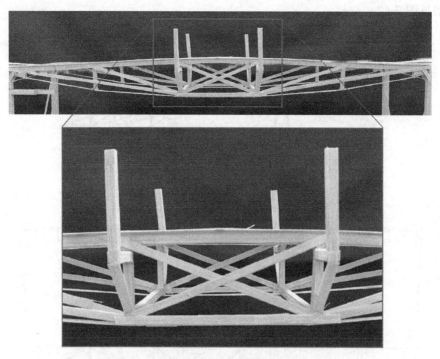

图 7-40　经优化的中跨桁架结构实景正视图

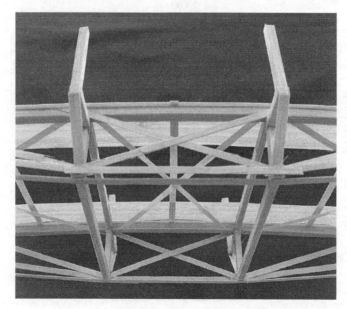

图 7-41　经优化的中跨桁架结构实景仰视图

模型见图 7-42。

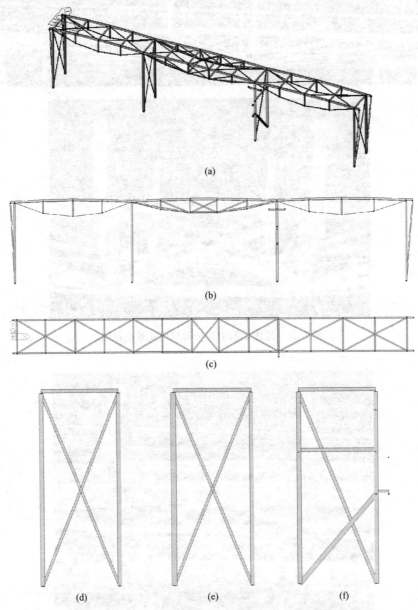

(a)

(b)

(c)

(d)   (e)   (f)

图 7-42 MIDAS CIVIL 计算模型

(a) 三维轴测图；(b) 立面图；(c) 平面图；(d) ①、④轴刚架；

(e) ②轴刚架；(f) ③轴刚架

为简化计算，亚克力滑道竖向挡杆、小车前轴竹带、三级加载上挂点加固横梁等构造措施均未建模。在直接遭受冲击柱 135mm 标高处，设置了半圆耗能环，模型中沿冲击方向建立了 20mm 长的短梁，通过调整断梁的弹性模量等参数，近似模拟冲击缓冲耗能作用。

（2）材料本构关系

根据赛题和试验室实测参数，软件中竹材特性参数见图 7-43。

图 7-43 MIDAS CIVIL 竹材材料特性值界面

各构件截面及尺寸根据实际情况输入，软件自动计算截面特性参数。

（3）荷载工况

根据赛题，除自重外，共有 3 种荷载工况，各单工况线性组合形成三级加载工况，详见表 7-13，计算模型布载形式，见图 7-44～图 7-46。

荷载工况表　　　　　　　　　　　　　　　　　表 7-13

工况名称	荷载类型	简化形式	计算模型
一级加载	5.25kg 小车移动荷载	小车重心偏后,前轴仅平衡车辆,后轴将荷载传递至主梁	图 7-45
二级加载	10kg 砝码最大跨跨中竖向静载	最大跨跨中沿主梁间距 100mm,4 个 25N 竖向集中力	图 7-46
三级加载	10m/s,2.1kg 小球水平冲击荷载与二级不卸载的 10kg 竖向静载	以 190mm 标高处冲击作用点为主节点,135mm 标高挂板下边缘与 262mm 标高上排 2 个挂点为从节点,建立刚性连接,以力作用时间 0.2s 估算,将冲击力简化为作用在 190mm 标高处冲击作用点 100N 的水平静载	图 7-47

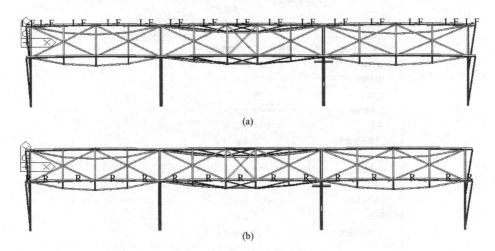

(a)

(b)

图 7-44　小车移动荷载简化示意

(a) 小车移动荷载左车道线 (Line-L) 示意图；(b) 小车移动荷载右车道线 (Line-R) 示意图

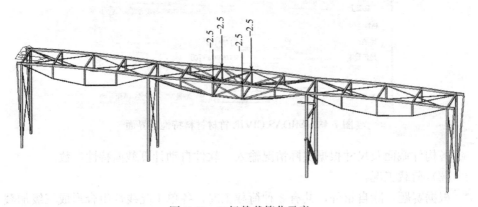

图 7-45　二级静载简化示意

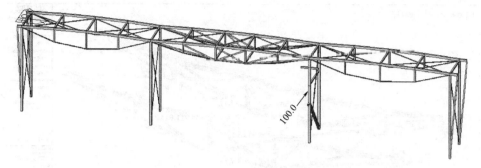

图 7-46　冲击荷载简化示意

（4）边界条件

本届大赛使用热熔胶连接柱脚和竹底板，柱脚施加固定约束，见图 7-47。

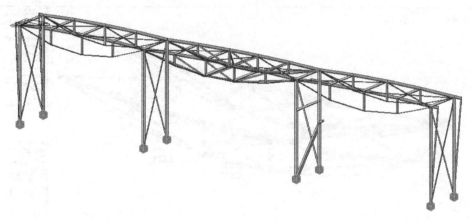

图 7-47　柱脚固定约束

2. 有限元分析结果与分析

（1）刚度

本届赛题对最大跨跨中有 10mm 的挠度限值，因此，需要分析最大跨（中跨）的挠度数值。各级加载的 MIDAS CIVIL 的计算结果见图 7-48～图 7-50，一级荷载数值由于行车时小车对纵梁有激励荷载，计算跨中挠度 11.91mm＞10mm，但经实际加载测试测量挠度为 7～8mm，结构刚度满足要求。

（2）强度

为分析方便，各级加载强度值根据赛题组合，采用各级加载的包络工况分析结构强度。包络工况下，下弦索、纵梁、附加桁架斜腹索、柱应力云图见图 7-51～图 7-54。

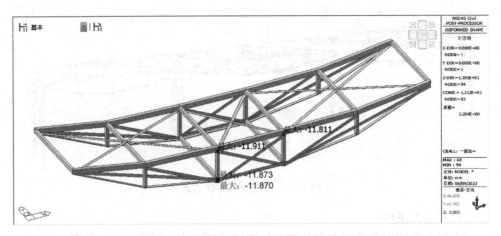

图 7-48　一级加载中跨（最大跨）挠度云图

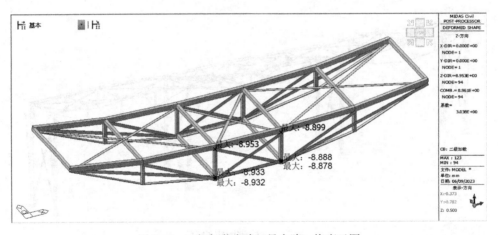

图 7-49　二级加载中跨（最大跨）挠度云图

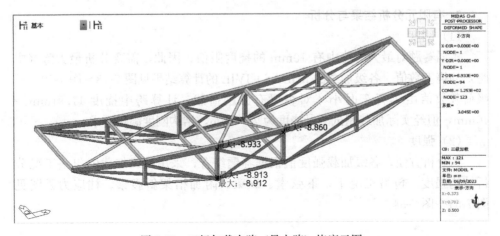

图 7-50　三级加载中跨（最大跨）挠度云图

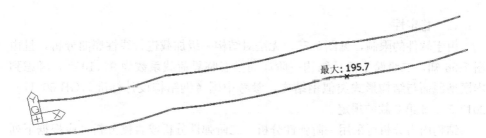

图 7-51　包络工况下弦索应力云图

图 7-52　包络工况纵梁应力云图

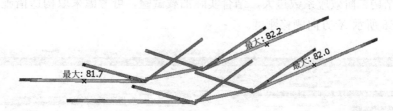

图 7-53　包络工况附加桁架斜腹索应力云图（跨中区域消隐一侧拉索）

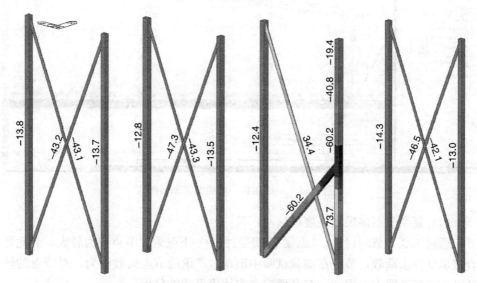

图 7-54　包络工况 4 排柱结构应力云图（沿 X 轴方向）

（3）稳定性

由于软件的限制，见图7-55，无法对结构一级加载进行线性屈曲分析，且由图7-56知，二级跨中静载结构一阶屈曲模态临界荷载系数为9×10^{-25}，考虑到本模型截面与结构形式类似钢结构，参考中国《钢结构设计标准》GB 50017—2017 5.1.6第2款的规定。

结构内力分析可采用一阶弹性分析、二阶弹性分析或直接分析，应根据下列公式计算的最大二阶效应系数$\theta^{\mathrm{II}}_{i,\,\mathrm{max}}$选用适当的结构分析方法。当$\theta^{\mathrm{II}}_{i,\,\mathrm{max}}\leqslant0.1$时，可采用一阶弹性分析；当$0.1<\theta^{\mathrm{II}}_{i,\,\mathrm{max}}\leqslant0.25$时，宜采用二阶弹性分析或采用直接分析；当$\theta^{\mathrm{II}}_{i,\,\mathrm{max}}>0.25$时，宜增大结构的侧移刚度。

一般结构的二阶效应系数可按下式计算：

$$\theta^{\mathrm{II}}_{i}=\frac{1}{\eta_{\mathrm{cr}}} \tag{7-1}$$

式中：η_{cr}——整体结构最低阶弹性临界荷载与荷载设计值的比值。

本结构二阶效应系数过大，结合实际加载试验，可考虑采取构造措施，增大如图7-56所示X方向侧移刚度。

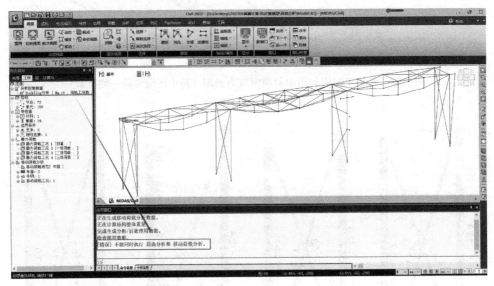

图7-55　一级加载一阶屈曲模态云图

（4）复杂节点多尺度强度校核

通过7.3.2节的讨论，"纵梁-直接受冲击柱-下弦索"节点应力较大，且此处直接承受冲击荷载，节点在加载试验中出现过严重的节点失效行为，对节点的转动刚度有极高要求，因此，有必要建立实体模型详细分析。

传统的节点实体分析方法多采用单独节点模型，往往需要假定边界，荷载也

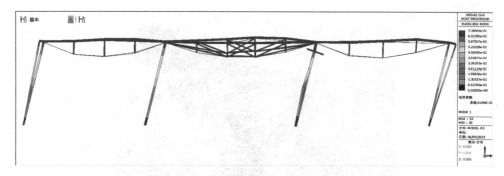

图 7-56　二级加载一阶屈曲模态云图

需要等效处理，这使得单独节点模型与整体结构的工作状态产生了较大差异。

如图 7-57～图 7-62 所示，MIDAS CIVIL 与 MIDAS FEA NX 联动的多尺度

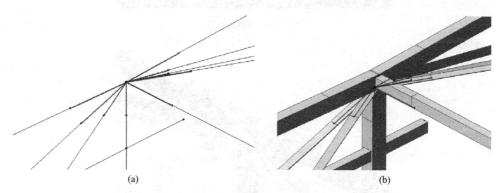

图 7-57　从杆单元中截取节点域

（a）构件分割截取节点域杆单元；（b）节点域局部位置

图 7-58　MIDAS FEA NX 节点修饰

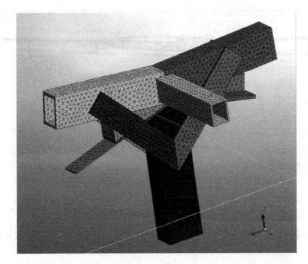

图 7-59　网格划分

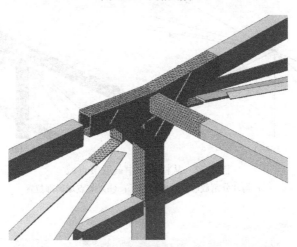

图 7-60　合并数据模型

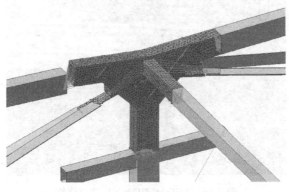

图 7-61　刚性连接实体单元（节点）与杆单元

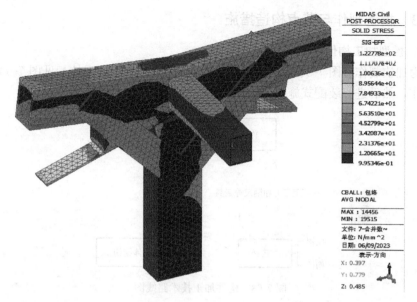

图 7-62 包络工况下实体单元（节点）应力云图

分析验算，无需对节点单独建模，而是直接在整体模型上截取待分析的节点，导出到 MIDAS FEA NX 对节点进行分割、印刻、连接等修饰后，经由网格划分再导回 MIDAS CIVIL，与整桥模型合并、连接，此方法无需进行节点边界近似处理，无需输入内力，计算结果更接近实际结果，节点实体分析方法对比见表 7-14。

节点实体分析方法对比　　　　　　　　　　表 7-14

项目	多尺度模型	单独节点模型
模型建立	节点实体模型＋整体模型	节点实体模型
边界	实际边界	大部分需要假定边界
荷载	按实际情况输入	将整体分析的结果作为荷载输入
不同单元类型处理	需处理	无需处理

由图 7-62 知，该节点域总体应力水平较低，结合加载试验，可以认为有足够的转动刚度，可以按刚接简化力学模型分析。节点最大应力位于边跨下弦索与楔形垫块附近，此区域存在刚度突变，经加载测试未发生破坏，满足强度要求。

3. 小结

建立了 MIDAS CIVIL 有限元计算模型，从结构的强度、刚度、稳定性讨论了结构的整体性能，MIDAS CIVIL 与 MIDAS FEA NX 联动的多尺度分析方法对关键节点——"纵梁-直接受冲击柱-下弦索"节点域建模分析，讨论了该节点的转动刚度。

7.3.3 模型制作与节点构造措施

1. 模型加工构件表

为加快制作将图 7-36 所示模型方案拆分成表 7-15 所示构件，见图 7-63，分别制作，然后进行装配式施工，提高了制作效率，保证了制作精度。

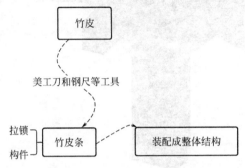

图 7-63 构件加工技术路线图

主要构件参数详见表 7-15、表 7-16，竹制构件成品见图 7-64。

竹皮纸制闭口薄壁构件主要参数表 　　　　　表 7-15

单位：mm

序号	构件名称	截面详图	构件数量（根）	理论长度(加工长度)	厚度	宽度	竹带数量（条）	构造做法
1	边跨纵梁		2	505/455 (520/470)	0.2	6	4	腹板复粘
					0.35	4	4	
					0.5	6	4	
2	中跨纵梁		2	540 (560)	0.2	6	2	腹板复粘
					0.35	9	2	
						4	4	
					0.5	6	4	

续表

序号	构件名称	截面详图	构件数量(根)	理论长度(加工长度)	厚度	宽度	竹带数量(条)	构造做法
3	桥面横梁/上挂点横梁/冲击柱横梁		18	114(120)	0.35	4	68	单层速粘
4	张弦竖杆		4	50	0.5	4	16	单层速粘
			4	40			16	
			8	38			32	
			4	27			16	
5	滑道挡杆		8	27	0.35	4	32	单层速粘
			4	50			16	
			4	30			16	
6	桥面柱斜撑/上挂点短梁		1	200	0.5	5	4	螺旋箍加固
			2	30	0.5	5	4	均布5个加劲肋
7	桥面柱-1(边跨)		4	280(290)	0.5	5	8	单层速粘
						6	8	

续表

序号	构件名称	截面详图	构件数量(根)	理论长度(加工长度)	厚度	宽度	竹带数量(条)	构造做法
8	桥面柱-2（中跨不受撞击）		2	280(290)	0.5	5	6	单层速粘
						8	4	
9	桥面柱-3（中跨受撞击后向）		1	280(290)	0.35	8	4	翼缘板复粘
					0.5	4	3	
10	桥面柱-4（中跨受撞击前向）		1	280(290)	0.35	8	4	翼缘板复粘
						4	2	
					0.5	4	2	

竹皮纸制高强拉索主要参数表　　　　　　表 7-16

构件名称	截面尺寸(mm)	竹带			构造措施
		厚度(mm)	宽度(mm)	总数量(个)	
边跨张弦索	0.4×4	0.4	4	4	双层 0.20mm 厚竹皮纸
中跨张弦索	0.7×4	0.7	4	2	双层 0.35mm 厚竹皮纸
桥墩对角拉索	0.35×4	0.35	4	8	单层 0.35mm 厚竹皮纸
桥面对角拉索	0.2×4	0.2	4	14	单层 0.20mm 厚竹皮纸
中跨桁架斜腹索	0.35×4	0.35	4	6	单层 0.35mm 厚竹皮纸

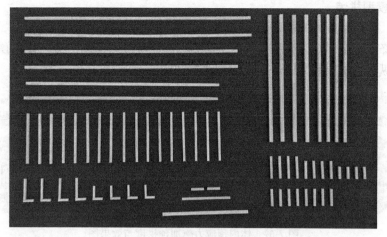

图 7-64　竹制构件成品

2. 构件制作

竹皮纸裁剪成竹条，见图 7-65，然后粘接成构件，见图 7-66。

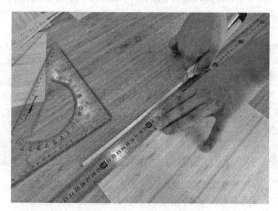

图 7-65　竹皮纸裁剪

图 7-66　竹构件制作

3. 模型拼装

(1) 体内预应力施加

为降低挠度，对纵梁施加体内预应力以控制挠度，见图 7-67，体内预应力施加后的纵梁预拱度约为 8mm，经整桥加载测试，满足要求。

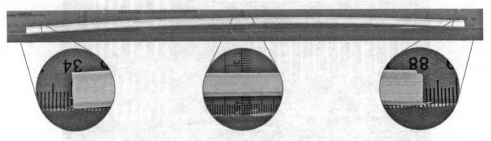

图 7-67　体内预应力施加预拱度与效果图

(2) 体外预应力张拉

本三跨张弦连续梁桥各跨均应用了体外预应力张弦技术，先使纵梁起拱，后配合张弦撑杆与高强下弦索实现结构张拉与成型，各跨独立制作完成后使用竹皮纸制短竹片搭接加固。高强索张拉见图 7-68。

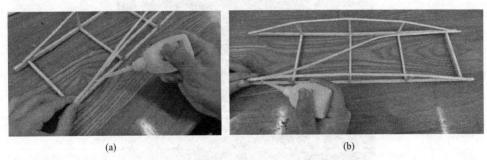

图 7-68　体外预应力下弦索张拉操作示意图
(a) 侧视图；(b) 正视图

(3) 单跨桥梁制作与整桥装配

4. 节点构造措施

(1) "下弦索-纵梁-柱"节点

根据杆单元有限元分析的强度计算值对本节点进行了多尺度强度验算，该节点需要采取合理的构造措施，保证节点在 XOZ 平面拥有足够的转动刚度，使结构可以按照刚接分析计算。单跨桥梁成品见图 7-69，桥面成品见图 7-70。

"下弦索-纵梁-柱"节点正视实景图如图 7-74 所示，主要构造措施有：

① 在节点 XOZ 平面"纵梁-柱"节点外立面沿 Z 方向增设长 25mm、宽 4mm、厚 0.35mm 的短竹带进行加固；

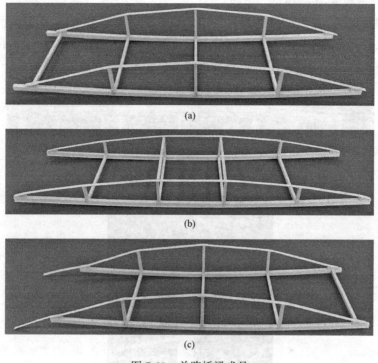

图 7-69　单跨桥梁成品

（a）左边跨；（b）中跨；（c）右边跨

图 7-70　桥面成品

图 7-71　"下弦索-纵梁-柱"节点正视实景图

② 在节点 XOZ 平面"纵梁-柱"间增设 4 条 45°方向 0.35mm 厚短竹带加固。此时，节点受剪、受弯/压性能良好。

（2）"下弦索-张弦撑杆"节点

经加载测试，边跨张弦撑杆在一级荷载作用下，易发生沿 X 方向的整体失稳，需采取构造措施，加固撑杆两端节点，如图 7-72 和图 7-73 所示，在①点使用贯通竹片加固，②点使用 L 形竹片加固。

图 7-72 "下弦索-张弦撑杆"节点正视全景图

图 7-73 "下弦索-张弦撑杆"节点侧视实景图

（3）"桁架斜腹索-张弦撑杆/桁架竖杆"节点

根据桁架斜腹索有限元强度计算结果，桁架拉索虽为补充的备份受力体系，但实际受力较大，尤其是斜腹索节点失效时有发生。图 7-74 和图 7-75 为加固后

图 7-74 "桁架斜腹索-张弦撑杆/桁架竖杆"节点正视实景图

的节点照片，经整桥加载测试工作良好。

图 7-75　"桁架斜腹索-张弦撑杆/桁架竖杆"节点侧视实景图

5. 桥面铺装结构

（1）亚克力滑道横向约束档杆

为保证一级荷载小车行车稳定，大赛组委会提供了亚克力滑道作为辅助行车装置，但经实际加载测试，行车时由于滑道侧板刚度不足，滑道难以对小车产生足够的横向约束，故本模型设置如图 7-76、图 7-77 的横向约束档杆，对亚克力滑道两端部与中部加强横向约束，经加载测试，行车条件良好。

图 7-76　中跨横向约束档杆侧视实景图

（2）小车前轮竹带

由于本届大赛选用的小车前轴和后轴长度不同且小车配重位于后轴上方，本模型对小车车轮进行简化，见图 7-78，后（轮）轴作用于纵梁，前（轮）轴作用于竹带。

图 7-77　边跨横向约束档杆侧视实景图

图 7-78　小车前轮竹带俯视实景图（部分）

6. 小结

基于装配式结构原理，对构件拆分，分别制作各个构件，最后装配成整体结构。根据有限元分析结果，对薄弱节点进行了构造强化，同时采用预应力结构，降低了整体挠度。

7.3.4　结论与展望

1. 结论

（1）充分利用有限元分析软件减少试验次数，提高效率

方案比选阶段，制作了 5 个实体模型，通过有限元分析软件进行了 48 个模型的比选，最终将仿真模型分析与实体试验相结合，确定了桁架桥模型为本次最终参赛模型。

（2）基于 MIDAS CIVIL 与 MIDAS FEA NX 联动的竹结构模型多尺度分析

MIDAS CIVIL 整体梁单元与 MIDAS FEA NX 局部节点实体单元联动，揭示了关键节点的应力云图和节点破坏机理，为节点构造设置提供了理论依据，进而得到了优化的结构方案及其施工图。

（3）通过反复试验，统计结构模型薄弱点，设计针对性措施

通过 58 个模型制作与加载试验，详细统计分析了破坏类型与位置分类，对高风险构件与节点进行了系统加固。

（4）张弦预应力结构有效降低了结构挠度

通过张弦预应力结构，对结构整体挠度进行了有效控制，使得结构位移满足竞赛要求。

（5）装配式施工、质量高、速度快

对施工图进行系统分析，对构件进行了科学拆分，制定了科学合理的制作工艺，并通过 58 个模型的反复试验，形成了最优制作工艺。

2. 展望

有限元分析结果仅能定性指导模型制作，模型计算数值与实测数值尚有一定误差，后续将研究有限元模型修正技术，以期更加精准地指导模型制作。

参考文献

[1] 王永宝，贾靖垚，张翰，等．加肋箱型长杆极限承载力实验研究 [J]．力学与实践，2021，43 (5)：722-727．

[2] 刘欢，陈佳，王磊，等．竹皮纸偏心支撑框架的水平加载试验研究 [J]．科技与创新，2017 (19)：42-44．

[3] 聂诗东，张辉，李静尧，等．竹皮轴压箱形构件整体稳定性能试验研究 [J]．高等建筑教育，2022，31 (1)：163-170．

[4] 陈庆军，邱智育，季静，等．第 12 届全国大学生结构设计竞赛命题与实践 [J]．空间结构，2019，25 (2)：79-88．

[5] 薛建阳，戚亮杰，罗峥，等．冲击荷载下吊脚楼建筑结构模型研究 [J]．广西大学学报（自然科学版），2014，39 (4)：709-715．

[6] 程远兵，陈记豪，尹晓飞，等．抗泥石流冲击吊脚楼房屋结构竞赛模型设计 [J]．力学与实践，2013，35 (4)：91-94．

[7] 刘畅，王珏，张同舟．"挑战杯"竞赛在科研育人中的作用及其发展路径探究 [J]．大学．2023 (28)：99-102．

[8] 吴永风，邹晨阳，陈芳．混凝土防渗墙成墙性能沿深度变化规律研究 [J]．水利技术监督，2019，(6)：215-218．

[9] 程远兵，韩爱红，陈记豪，等．拱形竹质结构竞赛模型设计分析与制作 [J]．低温建筑技术，2021，43 (11)：98-101．

[10] 陈记豪，郭明臻，范林，等．新型销接钢筋铰缝弯剪复合作用下传力性能 [J]．科学技术与工程，2021，21 (26)：11289-11294．

[11] 韩爱红，张新中，肖嘉辰，等．不同尺度竹皮构件力学性能试验研究 [J]．低温建筑技术，2021，43 (5)：69-71＋75．

[12] 张巍，陈记豪，赵顺波．装配式空心板桥浅企口铰缝应力传递机理研究 [J]．华北水利水电大学学报（自然科学版），2016，37 (5)：76-81．

[13] 陈记豪，裴松伟，赵顺波，等．非规整刚接 T 梁桥荷载横向分布计算方法 [J]．科学技术与工程，2016，16 (20)：90-95．

[14] 陈记豪，赵顺波，姚继涛．基于对称挠度差值影响线的装配式简支空心板桥上部结构损伤识别 [J]．应用基础与工程科学学报，2014，22 (2)：283-293．

[15] 陈记豪，赵顺波，姚继涛．既有预应力空心板桥加宽设计的荷载横向分布计算方法 [J]．工程力学，2012，29 (9)：265-271．

[16] 帅颂宪，王勇．钻芯取样检测实体混凝土结构的抗渗性的方法．200710202500.3 [P]．2007-11-13．

[17] 刘军，董献国，李亚南，等．一种新型芯样制作抗渗试件的方法．201611129364.5 [P]．2016-12-9．